高等职业教育电子信息类专业规划教材

GAO DENG ZHI YE JIAO YU DIAN ZI XIN XI LEI ZHUAN YE GUI HUA JIAO CAI

数字电路分析与实践

■ 张福强 主 编

■ 刘 松 赵俊英 副主编

人民邮电出版社

北 京

图书在版编目（CIP）数据

数字电路分析与实践 / 张福强主编. -- 北京：人民邮电出版社，2012.4
高等职业教育电子信息类专业规划教材
ISBN 978-7-115-27406-9

Ⅰ．①数… Ⅱ．①张… Ⅲ．①数字电路－电路分析－高等职业教育－教材 Ⅳ．①TN79

中国版本图书馆CIP数据核字(2012)第006356号

内 容 提 要

本书以项目教学为主线，在继承传统数字电路教学经验的基础上，对学生的动手能力、实践能力有了更高的要求。本书先对基础知识加以介绍，后将实例、项目作为重点，使学生在实践中熟练掌握相关知识。

全书共分 8 个项目，主要包括裁判器电路设计与制作、门电路的认识与测试、16 路跑马灯电路的设计与制作、智力抢答器的设计与制作、交通灯控制电路的设计与制作、报警器的设计与制作、简易数字电压表的设计与制作、用可编程逻辑器件实现简单的数字频率计。

本书可供高职高专电子类、通信类专业教学使用，也可供电子电路工程人员参考。

高等职业教育电子信息类专业规划教材
数字电路分析与实践

◆ 主　编　张福强

副主编　刘　松　赵俊英

责任编辑　李　强

◆ 人民邮电出版社出版发行　　北京市崇文区夕照寺街 14 号
邮编　100061　电子邮件　315@ptpress.com.cn
网址　http://www.ptpress.com.cn
北京鑫正大印刷有限公司印刷

◆ 开本：787×1092　1/16
印张：13.75
字数：324 千字　　　　　　2012 年 4 月第 1 版
印数：1- 3 000 册　　　　　2012 年 4 月北京第 1 次印刷

ISBN 978-7-115-27406-9
定价：28.00 元
读者服务热线：(010)67132692　印装质量热线：(010)67129223
反盗版热线：(010)67171154

前　　言

　　"数字电子技术"是高职高专电子类专业的一门必修课程，是后继专业课程的基础。一本好的教材是学好一门专业课程的必要条件。随着现代电子电路设计、仿真手段的不断更新，数字电路设计也引入了新的方法和手段。而在高职高专教育的改革中对学生的教学也由"重理论"转向了"重实训"。项目教学作为一种高效而可行的教学方法，将基础知识点融入实训项目之中，给传统教学方法注入了活力，本书就是在这样的教学背景下编写的。

　　本书以项目教学为主线，在继承传统数字电路教材知识体系（基础知识、门电路、组合电路、时序电路、触发器、555 电路和数/模、模/数转换电路等）的基础上，针对每个知识模块给出一个设计项目，此项目涵盖本章节的主体知识，并给学生的实训提出具体的要求。同时，我们引入了 Multisim10.0 电路仿真软件，对大部分的实训题目，都提出了仿真的要求。考虑到数字电路的发展趋势，本教材补充了电子设计自动化（EDA）的相关知识，建议教师在后继的教学中，对 EDA 的设计思想、知识体系给予一定的介绍，以使学生对数字电路设计前沿方向有较好的把握。

　　在教材的知识体系安排上，我们遵循的原则是，先对基础知识加以介绍，后以实例、项目作为重点，使学生在实践中对新知识掌握和熟练。每个项目知识结束后，配有实训、知识总结和自我检验题。

　　本书可供高职高专电子类、通信类专业教学使用，也可供电子电路工程人员参考。

　　本教材的编写分工如下：张福强编写项目二；刘松编写项目五；赵俊英编写项目一中1.3、1.5、1.6 节，项目四，项目八及附录；张磊编写项目六、项目七；王永朝编写项目一中1.1、1.2、1.4 节和项目三。本教材的编写得到了天津电子信息职业技术学院电子技术系教师的指导和帮助，在此深表谢意。

　　由于编者水平有限，加之时间仓促，本书不足与疏漏之处在所难免，欢迎各位读者多提宝贵意见。

编者

目　录

项目一　裁判器电路设计与制作

第一部分　相关知识

在电子技术领域里，为了便于存储、分析和传输，常将模拟信号进行编码转换为数字信号，利用数字逻辑来分析、处理和设计复杂系统。数字信号的诸多优点，使得其在通信、电子、计算机控制等领域广泛应用。可以说，正是数字信号处理技术的出现，才使得现代信息处理技术得到了突飞猛进的发展。

在本章中，我们以裁判器电路的设计项目为载体，引出数字逻辑的初步应用。本章介绍了数制与码制、逻辑代数基础与化简等相关知识，使读者对数字电路的基础知识有初步的了解与认识，能够进行简单的数字逻辑电路分析。

1.1　数字电路概述

1. 数字信号与模拟信号

自然界有许多物理量，尽管它们性质不同，但就其变化规律和特点而言，可分为两大类，即模拟量和数字量。所谓模拟量是指在时间和幅值上都连续的一类物理量。我们把表示模拟量的信号，称为模拟信号。模拟信号的变化是连续、平滑的。用以传递、加工和处理模拟信号的电路称为模拟电路。

所谓数字量是指在时间上和幅值上离散的一类物理量。也就是说，它们的变化在时间上是不连续的，总是发生在一系列离散的瞬间，而数值的大小和每次的增减变化都是某一个最小数量单位的整倍数。我们把表示数字量的信号叫做数字信号，例如，当我们用一个电子电路记录从生产线输出的零件数目时，每送出一个零件就给电路一个信号，使之记 1，没有零件送出的信号记 0，即不计数。可见，零件数目这个信号的变化在时间和数量上都不是连续的，所以它是一个数字信号，最小的数量单位为 1。用以传送、加工和处理数字信号的电路称为数字电路。数字电路技术是研究有关数字信号的产生、整形、编码、存储、计数和传输的。

2. 数字电路的特点

电子系统中一般均含有模拟和数字两种构件。模拟电路是系统中必需的组成部分。但在存储、分析或传输信号时，数字电路更具优越性，其优越性主要表现为以下几点。

① 电路结构简单，稳定可靠。数字电路采用二进制数，每位只有 0 或 1 两种状态，所以，对元器件的要求不是很严格，允许其参数有较大的分散性，只要能区分截然不同的两种

状态就可以。

② 抗干扰能力强。因为数字信号的传输只反映信号的有、无，不反映信号大小，所以干扰信号很难改变信号的有、无。

③ 精度高。由于数字信号的精度与数字的位数有关，因此，增加二进制数的位数就可提高信号的精度。

④ 功耗较小。因为电路元件处于开关状态。

⑤ 保密性好。在数字电路中可对信号进行加密处理，使数字信号不易被窃取。

⑥ 通用性强。数字电路可采用各种标准逻辑部件组成各种逻辑功能的数字系统。

⑦ 数字电路便于实现集成化。

1.2　数制与码制

1.2.1　常用的进位计数制

进位制：表示数时，仅用一位数码往往不够用，必须用进位计数的方法组成多位数码。多位数码每一位的构成以及从低位到高位的进位规则称为进位计数制，简称进位制。

计数制有 3 个要素：数码符号、进位规律和进位基数。

基数：进位制的基数就是在该进位制中可能用到的数码个数，又被称为进位模数。我们经常把数用每位权值与该位的数码相乘展开。当某位的数码为"1"时所表征的数值即为该位的权值与 1 相乘的结果。

常用的数制有十进制、二进制、十六进制等。

（1）十进制

十进制数的特点：

① 它的数码共有 10 个：0、1、2、3、4、5、6、7、8、9；

② 基数为 10；

③ 权为 10^{n-1}；

④ 计数规则是：逢十进一、借一当十。

任何一个十进制数可以写成以 10 为底的幂之和的形式，例如十进制数 5678.28 可表示为：

$$(5678.28)_{10} = 5 \times 10^3 + 6 \times 10^2 + 7 \times 10^1 + 8 \times 10^0 + 2 \times 10^{-1} + 8 \times 10^{-2}$$

上式中的 10^3、10^2、10^1、10^0、10^{-1} 和 10^{-2} 为对应位的权。

（2）二进制

二进制数的特点：

① 它只有两个数码：0、1；

② 基数为 2；

③ 权为 2^{n-1}；

④ 进位规则：逢二进一、借一当二。

例如 $(111001.1)_2 = 1 \times 2^5 + 1 \times 2^4 + 1 \times 2^3 + 0 \times 2^2 + 0 \times 2^1 + 1 \times 2^0 + 1 \times 2^{-1}$

（3）十六进制

二进制数在数字电路中处理起来很方便，但位数很多的二进制数在书写时会不方便，因此，在书写时，常采用十六进制数。

十六进制数的特点：

① 它有 16 个数码，除 0、1、2、3、4、5、6、7、8、9 十个数码外，还用 6 个字母 A、B、C、D、E、F，A～F 分别代表十进制的 10～15；

② 基数为 16；

③ 权为基数 16 的幂，如 16^5、16^3、16^1、16^0 等；

④ 计数进位规则：逢十六进一、借一当十六。

例如 $(7D0A)_{16} = 7 \times 16^3 + 13 \times 16^2 + 0 \times 16^1 + 10 \times 16^0$

1.2.2　数制转换

各种数制之间可以进行转换，其转换规律如下所述。

1. 二进制数转换为十进制数

方法：把二进制数按权展开，再把每一位的位值相加，即可得到相应的十进制数。

例：将二进制数 10111 化为十进制数。

解：$(10111)_2 = 1 \times 2^4 + 0 \times 2^3 + 1 \times 2^2 + 1 \times 2^1 + 1 \times 2^0$

$\qquad\qquad\quad = (23)_{10}$

2. 十进制数转换为二进制数

十进制数转换为二进制数时，需将十进制数的整数部分和小数部分分别进行。整数部分采用除二取余法，小数部分采用乘二取整法，转换后再合并。

例如，将 75 转换为二进制数。

```
2|75   余数
2|37    1    ↑  最低位
2|18    1    |
2|9     0    |
2|4     1    |
2|2     0    |
2|1     0    |
  0     1    |  最高位
```

则，$(75)_{10} = (1001011)_2$

例如，将 0.698 转换为 4 位二进制数。

$$
\begin{array}{r}
0.698 \\
\times \quad 2 \\
\hline
1.396 \\
0.396 \\
\times \quad 2 \\
\hline
0.792 \\
\times \quad 2 \\
\hline
1.584 \\
0.584 \\
\times \quad 2 \\
\hline
1.168
\end{array}
\quad
\begin{array}{l}
整数部分 \\
\\
1 \\
\\
\\
0 \\
\\
1 \\
\\
\\
1
\end{array}
\quad
\begin{array}{l}
高位 \\
\\
\\
\\
\\
\\
\\
\\
\\
\\
低位
\end{array}
$$

$(0.698)_{10} = (0.1011)_2$

任何十进制数均可将其整数部分和小数部分分别转换后再予以合并转换为相应的二进制数。

3. 二进制数转换为十六进制数

方法：把二进制数的整数部分自右向左每 4 位分为一组，最后不足 4 位的，高位用零补足；小数部分自左向右每 4 位分为一组，最后不足 4 位的，在右面补零，最后将每 4 位二进制数对应的十六进制数写出即可（一位变四位）。

例： $(10111101100101.1101001101)_2 = (2F65.D34)_{16}$

4. 十六进制数转换为二进制数

方法：将每个十六进制数用 4 位二进制数表示，然后按十六进制数的顺序将各 4 位二进制数排列好，可得到相应的二进制数。整数部分最高位的 0 可以省去，但小数部分不够 4 位必须用 0 补齐。

例： $(6A04.5F1)_{16} = (0110101000000100.010111110001)_2$

1.2.3 码制

用二进制数来表示十进制数码、字母、符号等信息的过程称为编码。用来表示十进制数码、字母、符号等信息的二进制数称为代码。

码制是指用代码表示数字或符号的编码方法。常见的二进制代码有：自然二进制码、二-十进制码、格雷码、奇偶校验码、字符码等。这里重点介绍二-十进制码。

1. 自然二进制码

就是按自然数顺序排列的二进制码，如 0000，0001，0010，0011，…，1111 等。

2. 二-十进制码（BCD 码）

用 4 位二进制数码表示 1 位十进制数称为二-十进制码，简称 BCD 码。常用的 BCD 码有 8421 码、2421 码、5421 码、余 3 码、格雷码等，如表 1.1 所示。

（1）8421 码

8421 码是 BCD 码中最常用的一种。在这种编码方式中，每一位二进制代码的"1"都代表一个固定数值，把每一位的"1"代表的十进制数加起来，得到的就是它所代表的十进制数。在用 4 位二进制数码表示一位十进制数时，二进制数的权从左到右每一位的"1"依次表示 8、4、2、1，所以把这种编码称为 8421 码。

例：　　(158)₁₀=(0001　0101　1000)₈₄₂₁BCD

（2）2421 码

在用 4 位二进制数码表示一位十进制数时，每一位二进制数的权依次为 2、4、2、1。它的 0 和 9、1 和 8、2 和 7、3 和 6、4 和 5 互为反码。

例：　　(158)₁₀=(0001　1011　1110)₂₄₂₁BCD

（3）5421 码

在用 4 位二进制数码表示一位十进制数时，每一位二进制数的权依次为 5、4、2、1。它是有权码。

例：　　(158)₁₀=(0001　1000　1011)₅₄₂₁BCD

（4）余 3 码

在用 4 位二进制数码表示一位十进制数时，与 8421 码相比，对应同样的十进制数多出 (0011)₂，即(3)₁₀，因此称为余 3 码。

余 3 码不能由各位二进制数的权来求出其代表的十进制数，故余 3 码是无权码。

（5）格雷码

格雷码为无权码。它的特点是相邻的两个码之间仅有 1 位不同。

表 1.1　　　　　　　　　　　　　几种常见的 BCD 码

十进制数　 BCD 码	8421 码	2421 码	5421 码	余 3 码	格雷码
0	0000	0000	0000	0011	0000
1	0001	0001	0001	0100	0001
2	0010	0010	0010	0101	0011
3	0011	0011	0011	0110	0010
4	0100	0100	0100	0111	0110
5	0101	1011	1000	1000	0111
6	0110	1100	1001	1001	0101
7	0111	1101	1010	1010	0100
8	1000	1110	1011	1011	1100
9	1001	1111	1100	1100	1000

3. 字符码

在信息交换、处理和数据传输时，特别是在通信设备和计算机中，为满足各种格式的需要，采用了多种字符码。这种字符码专门用于字母、专用符号、数字的处理，它不仅包含 0～9 的各位字符，而且包含 A、B、C 等 26 个字母以及其他一些专门的标记和控制功能，如美国标准信息交换码（简称 ASCⅡ码）。

1.3 逻辑代数基础

1.3.1 逻辑体制

逻辑指事物因果关系的规律。与普通代数相比，逻辑代数描述客观事物间的逻辑关系，相应的函数称逻辑函数，变量称为逻辑变量。逻辑变量和逻辑函数的取值都只有两个，通常用 1 和 0 表示。

逻辑代数中的 1 和 0 不表示数量大小，仅表示两种相反的状态。

在逻辑代数中有正逻辑体制和负逻辑体制之分。如果用 1 表示高电平，0 表示低电平，则称为正逻辑体制；反之，用 0 表示高电平，1 表示低电平，则称为负逻辑体制。

在本教材中，我们都以正逻辑体制表示逻辑关系。

1.3.2 基本逻辑运算与复合逻辑运算

1. 基本逻辑运算

基本的逻辑关系有与、或、非 3 种，与之对应，有与、或、非 3 种基本逻辑运算。下面以具体的实例来介绍。

（1）与逻辑运算

图 1.1 的电路所示，用二元常量来表示，设开关不接通和灯不亮均用 0 表示，开关接通和灯亮均用 1 表示，则得到输出量（结果状态灯亮）与输入量（开关状态）之间的与逻辑关系表，如表 1.2 所示，其中 Y 表示灯的状态。

表 1.2	与逻辑真值表	
A	B	$Y = A \cdot B$
0	0	0
0	1	0
1	0	0
1	1	1

与逻辑关系可以表述为：只有当决定事件（灯亮 Y）的几个条件（开关 A 与 B 接通）全部具备之后，这件事（灯亮 Y）才能发生。与逻辑又称逻辑乘或逻辑与。

若用逻辑表达式来描述，则可写为

$$Y = A \cdot B \tag{1.1}$$

式中小圆点"·"表示 A、B 的与运算，常被省略。与逻辑的逻辑符号如图 1.2 所示。

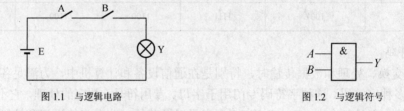

图 1.1　与逻辑电路　　　　　　　　　　　　　　图 1.2　与逻辑符号

与逻辑运算规律为：有 0 得 0，全 1 得 1。

（2）或逻辑运算

图 1.3 为一简单的或逻辑电路，电源 E 通过开关 A 或 B 向灯泡供电，当 A 或 B 一个开关闭合时，灯 Y 点亮。用二元常量表示的或逻辑真值表如表 1.3 所示。

表 1.3	或逻辑真值表	
A	B	Y=A+B
0	0	0
0	1	1
1	0	1
1	1	1

由此电路可总结出另一种逻辑关系：当一件事件（灯亮）的几个条件（开关 A、B 接通）中只要有一个条件得到满足，这事件（灯亮）就会发生。这种逻辑关系称为或逻辑，也称逻辑加。

用逻辑表达式来描述，则可写成　　　　$Y=A+B$ 　　　　　　　　　　　　　　(1.2)

式中符号"＋"表示 A、B 的或运算，即逻辑加。或逻辑的逻辑符号如图 1.4 所示。

或逻辑运算的规律为：有 1 得 1，全 0 得 0。

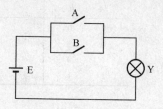

图 1.3　或逻辑电路图

图 1.4　或逻辑符号

（3）非逻辑运算

图 1.5 所示为一个非逻辑电路的实例。当开关 A 断开时，灯 Y 亮；当开关 A 闭合时，灯 Y 不亮。用二元常量来表示开关 A 和灯的状态，可得表 1.4。

表 1.4	非逻辑真值表
A	$Y = \overline{A}$
0	1
1	0

由此可总结出第三种逻辑关系：一件事（灯亮）的发生是以其相反的条件为依据，也就是只要某一条件具备了，事件便不发生，而当条件不具备时，事件一定发生。这种逻辑关系称为非逻辑，也称逻辑求反。

用逻辑表达式来描述，则可写成为　　　　$Y = \overline{A}$ 　　　　　　　　　　　　　(1.3)

式中符号"－"表示 A 的非运算。非逻辑的逻辑符号如图 1.6 所示。

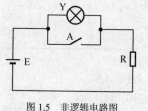

图 1.5　非逻辑电路图

图 1.6　非逻辑符号

非逻辑运算的规律为：入 0 得 1，入 1 得 0。

2. 复合逻辑运算

由与、或、非 3 种基本逻辑门电路可组合成多种复合逻辑门，如与非门、或非门、与或非门、同或门、异或门等，在这里将几种常见的复合逻辑门的符号及真值表、逻辑表达式表示如下。

（1）与非门

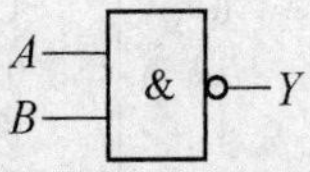

图 1.7　与非门逻辑符号

表 1.5　与非逻辑真值表

A	B	Y
0	0	1
0	1	1
1	0	1
1	1	0

与非逻辑表达式为：　　　　　　　　　　$Y = \overline{AB}$

（2）或非门

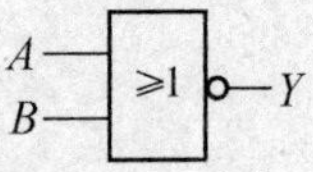

图 1.8　或非门逻辑符号

表 1.6　或非逻辑真值表

A	B	Y
0	0	1
0	1	0
1	0	0
1	1	0

或非逻辑表达式为：　　　　　　　　　　$Y = \overline{A + B}$

（3）与或非门

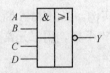

图 1.9　与或非门逻辑符号

与或非逻辑表达式为：　　　　　　　　　　$Y = \overline{AB + CD}$

与或非的逻辑真值表请读者思考给出。

（4）同或门

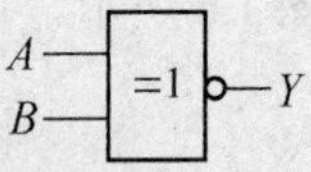

图 1.10　同或门逻辑符号

表 1.7　同或逻辑真值表

A	B	Y
0	0	1
0	1	0
1	0	0
1	1	0

同或逻辑表达式为：　　　　　　$Y = A \odot B = AB + \overline{A}\,\overline{B}$

（5）异或门

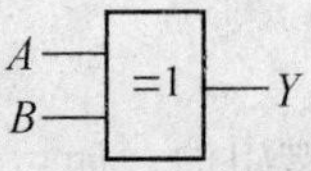

表 1.8　异或逻辑真值表

A	B	Y
0	0	1
0	1	0
1	0	0
1	1	0

图 1.11　异或门逻辑符号

1.3.3 逻辑函数及其表示方法

由前面的基本逻辑运算与复合逻辑运算可知，逻辑函数描述了某种逻辑关系。逻辑函数常采用真值表、逻辑函数式、卡诺图和逻辑图等表示。

1. 真值表

列出输入变量的各种取值组合及其对应输出逻辑函数值的表格称为真值表。

列真值表的方法如下所述。

（1）按 n 位二进制数递增的方式列出输入变量的各种取值组合。

（2）分别求出各种组合对应的输出逻辑值填入表格。

例如，求函数 $Y = \overline{AB} + C$ 的真值表，得到结果如表 1.9 所示。

表 1.9　　　　　　　　　　　　　函数 $Y = \overline{AB} + C$ 的真值表

A	B	C	Y
0	0	0	1
0	0	1	0
0	1	0	1
0	1	1	0
1	0	0	1
1	0	1	0
1	1	0	0
1	1	1	0

2. 逻辑函数式

表示输出函数和输入变量逻辑关系的表达式称为逻辑表达式，简称逻辑式。如上例中，已知表 1.9 所示的真值表，求逻辑表达式，结果为 $Y = \overline{AB} + \overline{C}$。

由真值表到逻辑表达式的转换方法如下所述。

（1）找出函数值为 1 的项。

（2）将这些项中输入变量取值为 1 的用原变量代替，取值为 0 的用反变量代替，则得到一系列与项。

（3）将这些与项相加即得逻辑式。

3. 逻辑图

由逻辑符号及相应连线构成的电路图称为逻辑图。按照逻辑函数的运算顺序，先非运算，后与运算，再或运算，即可得到逻辑函数的逻辑图表示。

如，函数 $Y = ABC + \overline{A}\,\overline{B}\,\overline{C}$ 的逻辑图可表示为图 1.12。

4. 卡诺图

（1）最小项的定义和编号

n 个变量有 2^n 种组合，可对应写出 2^n 个乘积项，这些乘积项均具有下列特点：包含全部变量，且每个变量

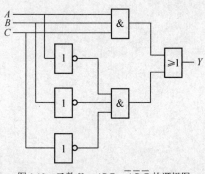

图 1.12　函数 $Y = ABC + \overline{A}\,\overline{B}\,\overline{C}$ 的逻辑图

在该乘积项中（以原变量或反变量）只出现一次。这样的乘积项称为这 n 个变量的最小项，也称为 n 变量逻辑函数的最小项。

举例来说，设 A、B、C 3 个逻辑变量，由这三个变量可以构成很多乘积项，如 $\overline{A}\overline{B}\overline{C}$、$AB\overline{C}$、$\overline{A}\overline{B}$、$A\overline{B}C\overline{A}$、$A(B+C)$ 等，其中 $\overline{A}\overline{B}\overline{C}$ 和 $AB\overline{C}$ 是最小项，而 $\overline{A}\overline{B}$、$A\overline{B}C\overline{A}$、$A(B+C)$ 则不是最小项。

对于 3 变量 A、B、C 构成的最小项，其中 $\overline{A}\overline{B}\overline{C}$ 可以用 m_0 表示，$\overline{A}\overline{B}C$ 可以用 m_1 表示，依次类推，对于 4 变量亦是如此。

最小项具有以下性质。

① 对于任意一个最小项，只有一组变量取值使得它的值为 1，而在变量取其他各组值时，这个最小项的值都是 0。

② 不同的最小项，使它的值为 1 的那一组变量取值也不同。

③ 对于变量的任一组取值，任意两个最小项的乘积为 0。

④ 对于变量的任一组取值，全体最小项之和为 1。

（2）卡诺图的构成

两个最小项中只有一个变量互为反变量，其余变量均相同，称为相邻最小项，简称相邻项。将 n 变量的 2^n 个最小项用 2^n 个小方格表示，并且使相邻最小项在几何位置上也相邻且循环相邻，这样排列得到的方格图称为 n 个变量最小项卡诺图，简称变量卡诺图。

2 变量、3 变量、4 变量的卡诺图表示方法如图 1.13 所示，其中方格内为最小项编号。

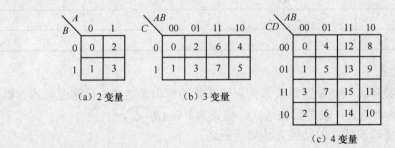

（a）2 变量　　（b）3 变量　　（c）4 变量

图 1.13　2～4 变量卡诺图

用卡诺图表示逻辑函数的方法为：逻辑式中的最小项对应的方格填 1，其余不填。

如，画出函数 $Y=\sum m(0,1,12,13,15)$ 的卡诺图如图 1.14 所示。

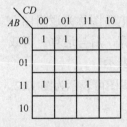

图 1.14　逻辑函数的卡诺图表示

1.3.4　逻辑代数的基本定律和规则

1. 常量之间的关系

因为逻辑代数中只有 0 和 1 两个常量，逻辑变量的取值不是 0 就是 1，而最基本的逻辑运算又只有与、或、非三种，因为常量之间的关系也只有以下几种：

$$0 \cdot 0 = 0 \tag{1.4}$$

$$0 \cdot 1 = 0 \tag{1.5}$$

$$1 + 0 = 1 \tag{1.6}$$

$$1 \cdot 1 = 1 \tag{1.7}$$

$$0 + 0 = 0 \tag{1.8}$$

$$\overline{0} = 1 \tag{1.9}$$

$$\overline{1} = 0 \tag{1.10}$$

这些常量之间的关系，同时也体现了逻辑代数中的基本运算规则，也称为公理。

2. 基本定律

（1）交换律　　　　　　　　　　$$A \cdot B = B \cdot A \tag{1.11}$$

$$A + B = B + A \tag{1.12}$$

（2）结合律　　　　　　　　　　$$A(BC) = (AB)C \tag{1.13}$$

$$A + (B + C) = (A + B) + C \tag{1.14}$$

（3）分配律　　　　　　　　　　$$A(B + C) = AB + AC \tag{1.15}$$

$$A + BC = (A + B)(A + C) \tag{1.16}$$

（4）0-1 律　　　　　　　　　　$$1 \cdot A = A \tag{1.17}$$

$$0 + A = A \tag{1.18}$$

$$0 \cdot A = 0 \tag{1.19}$$

$$1 + A = 1 \tag{1.20}$$

（5）互补律　　　　　　　　　　$$A \cdot \overline{A} = 0 \tag{1.21}$$

$$A + \overline{A} = 1 \tag{1.22}$$

（6）重叠律　　　　　　　　　　$$A \cdot A = A \tag{1.23}$$

$$A + A = A \tag{1.24}$$

（7）反演律（又称摩根定律）　　$$\overline{A \cdot B} = \overline{A} + \overline{B} \tag{1.25}$$

$$\overline{A + B} = \overline{A} \cdot \overline{B} \tag{1.26}$$

（8）吸收律：　　　　　　　　　$$A + AB = A \tag{1.27}$$

$$AB + A\overline{B} = A \tag{1.28}$$

$$A + \overline{A}B = A + B \tag{1.29}$$

$$(A + B)(A + C) = A + BC \tag{1.30}$$

$$AB + \overline{A}C + BC = AB + \overline{A}C \tag{1.31}$$

公式（1.31）说明，在一个与或表达式中，如果一个乘积项是另一个乘积项的因子，则另外这个乘积项是多余的。

证明

$$AB + \overline{A}C + BC$$
$$= AB + \overline{A}C + BC(A + \overline{A})$$
$$= AB + \overline{A}C + ABC + \overline{A}BC$$
$$= AB + \overline{A}C$$

公式（1.31）可推广为 $\quad AB + \overline{A}C + BCD = AB + \overline{A}C$

逻辑函数的基本定律和规则常用于逻辑函数的化简，在 1.4 节中，将重点介绍逻辑函数化简的内容。

1.4　逻辑函数的化简

1.4.1　逻辑函数的公式化简法

1. 最简的概念

对于同一个逻辑函数，如果表达式不同，实现它的逻辑元件也不同。逻辑式越简单，它所表示的逻辑关系越明显，也有利于用最少的电子器件实现这个逻辑关系。因此，经常需要通过化简的手段找出逻辑函数的最简形式。

因为与或表达式是比较常见的，同时与或表达式容易同其他形式的表达式相互转换，所以，化简一般是指化为最简的与或表达式。

最简与或表达式的标准是：首先乘积项的数目应是最少的，其次是每个乘积项中的变量的个数最少。因为乘积项的数目最少，对应的逻辑电路所用的与门个数就最少，乘积项中变量的个数最少，对应逻辑电路所用的与门输入端个数就最少。所以如果逻辑函数表达式是最简的，则实现它所用的电路也是最简的。这样可以节省器件，降低成本，提高工作可靠性。

2. 化简方法

代数化简法又称公式化简法，它是直接运用基本定律及规则化简逻辑函数的方法。常用的方法有下述几种。

（1）并项法

利用基本公式 $A + \overline{A} = 1$ 将两项合并为一项，并消去一个变量。A 可以是任何一个复杂的逻辑式。

例如

$$Y_1 = \overline{A}\overline{B}C + \overline{A}BC$$
$$= \overline{A}C(\overline{B} + B) = \overline{A}C$$
$$Y_2 = A\overline{B}C + AB + A\overline{C}$$
$$= A(\overline{B}C + B + \overline{C})$$
$$= A(\overline{B}C + \overline{\overline{B}C}) = A$$

（2）吸收法

利用公式 $A+AB=A$ 消去多余的乘积项。A、B 也可以是任何一个复杂的逻辑式。

例如

$$Y_1 = \overline{A}B + \overline{A}BC(D + E)$$
$$= \overline{A}B[1 + C(D + E)]$$
$$= \overline{A}B$$
$$Y_2 = \overline{B} + A\overline{B}D = \overline{B}$$

（3）消去法（消因子法）

利用 $A + \overline{A}B = A + B$ 消去多余的因子。A、B 也可以是任何一个复杂的逻辑式。

例如

$$Y_1 = AB + \overline{A}C + \overline{B}C$$
$$= AB + (\overline{A} + \overline{B})C$$
$$= AB + \overline{AB}C$$
$$= AB + C$$
$$Y_2 = \overline{B} + ABC$$
$$= \overline{B} + AC$$

（4）消项法

利用 $AB + \overline{A}C + BC = AB + \overline{A}C$ 及 $AB+\overline{A}C + BCD = AB + \overline{A}C$ 将 BC 或 BCD 消去。其中 A、B、C、D 都可以是任何复杂的逻辑式。

例如

$$Y_1 = \overline{A}C + \overline{A}BD + \overline{\overline{B} + C}$$
$$= \overline{A}C + \overline{A}BD + B\overline{C}$$
$$= \overline{A}C + B\overline{C}$$
$$Y_2 = A\overline{B}C\overline{D} + \overline{A}\overline{B}E + \overline{A}C\overline{D}E$$
$$= (A\overline{B})C\overline{D} + (\overline{A}\overline{B})E + (C\overline{D})(E)\overline{A}$$
$$= A\overline{B}C\overline{D} + \overline{A}\overline{B}E$$

（5）配项法

① 利用基本公式 $A+\bar{A}=1$ 增加必要的乘积项，然后再用公式进行化简。

例如

$$
\begin{aligned}
Y &= A\bar{B} + \bar{A}C + \bar{B}C \\
&= A\bar{B} + \bar{A}C + \bar{B}C(A+\bar{A}) \\
&= A\bar{B} + \bar{A}C + AB\bar{C} + \bar{A}\bar{B}C \\
&= A\bar{B}(1+\bar{C}) + \bar{A}C(1+\bar{B}) \\
&= A\bar{B} + \bar{A}C
\end{aligned}
$$

② 利用基本公式 $A+A=A$，可以在逻辑式中重复写入某一项，有时能获得更加简单的化简结果。

例如
$$Y = A\bar{B}\bar{C} + A\bar{B}C + \bar{A}\bar{B}C$$

可以化简为：

$$
\begin{aligned}
Y &= (A\bar{B}\bar{C} + A\bar{B}C) + (A\bar{B}C + \bar{A}\bar{B}C) \\
&= (C+\bar{C})A\bar{B} + (\bar{A}+A)\bar{B}C \\
&= A\bar{B} + \bar{B}C
\end{aligned}
$$

1.4.2 逻辑函数的卡诺图化简法

利用卡诺图化简逻辑函数的方法称为卡诺图化简法。与代数法相比，卡诺图化简法简单、直观，因此其得到了广泛的应用。

1. 化简的基本原理

在卡诺图中，相邻最小项进行逻辑或运算，可以消去逻辑变量。其中 2 个相邻最小项有 1 个变量相异，相加可以消去这 1 个变量；4 个相邻最小项有 2 个变量相异，相加可以消去这 2 个变量；8 个相邻最小项有 3 个变量相异，相加可以消去这 3 个变量；2^n 个相邻最小项有 n 个变量相异，相加可以消去这 n 个变量。

2. 化简的方法

利用卡诺图化简逻辑函数的步骤为：

第一，画出函数的卡诺图；

第二，在卡诺图上标出逻辑值为 1 的最小项，其余为 0；

第三，画卡诺圈，合并最小项。可把相邻的行和列为 1 值的方格用线条分组画为若干个包围圈（又称为方格群），每个包围圈包含 2^n 个方格；

第四，将包围圈所得的乘积项相加，就可得到简化后的与或表达式。

其中合并最小项的规律为：

① 2 个相邻项可合并为一项，消去一个互为反变量，保留相同变量；

② 4 个相邻项可合并为一项，消去两个互为反变量，保留相同变量；

③ 8 个相邻项可合并为一项，消去三个互为反变量，保留相同变量；

④ 2^n 个相邻项合并可消去 n 个不同变量，保留相同变量。图 1.15 所示为最小项合并的

过程。

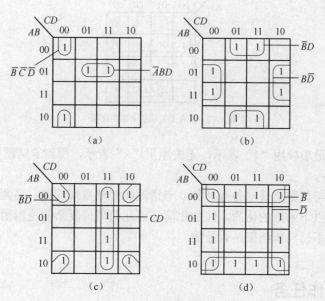

图 1.15　最小项合并卡诺图

画卡诺图圈"1"的技巧如下所述。

① 圈应尽量大，这样可消去的变量多。

② 圈的个数应尽量少。圈数越少，乘积项越少，电路用的或门也越少。

③ 先画孤立的"1"方格，再画仅与另一个"1"方格唯一相邻的"1"方格，最后再先大圈后小圈。不要遗漏任何"1"方格。

④ 卡诺圈中的1可以重复使用。但每个圈至少有一个从来没被圈过的1，否则该圈是多余的。

例：用图形化简法求逻辑函数 $Y(A,B,C)=\sum(1,2,3,6,7)$ 的最简与或表达式。

解：首先，画出函数 Y 的卡诺图。对于在函数 Y 的标准与或表达式中出现的那些最小项，在该卡诺图的对应小方格中填上"1"，其余方格不填，结果如图 1.16 所示。其次，合并最小项。把图中相邻且能够合并在一起的"1"格圈在一个大圈中，如图 1.16 所示。最后，写出最简与或表达式。

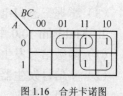

图 1.16　合并卡诺图

$$Y(A,B,C) = \overline{A}C + B$$

3. 具有无关项的逻辑函数的化简

无关项是特殊的最小项，这种最小项所对应的变量取值组合或者不允许出现或者根本不会出现。无关项在卡诺图和真值表中用"×"、"Φ"来标记，在逻辑式中则用字母 d 和相应的编号表示。

无关项的取值对逻辑函数值没有影响。化简时应视需要将无关项方格看作"1"或"0"，使包围圈最少而且最大，从而使结果最简。

例：用卡诺图化简函数 $Y=\sum m(0,1,4,6,9,13)+\sum d(2,3,5,7,10,11,15)$

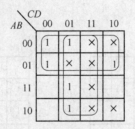

图 1.17　具有无关项的卡诺图化简

解：将式中的最小项用"1"表示，无关项用"×"表示，得到卡诺图如图 1.17 所示，化简结果为 $Y = \overline{A} + D$。

卡诺图化简法与代数化简法各有利弊。卡诺图化简法直观简便，易判断结果是否最简，但一般用于 4 变量以下函数的化简。代数化简法可化简任何复杂的逻辑函数，但需要一定的技巧和经验，而且不易判断结果是否最简。

第二部分　工作任务

1.5　学习 Multisim10.0 在数字电路中的应用

1. 实训目的

（1）进一步熟悉 Multisim 10.0 中虚拟仪器的使用

（2）掌握仪器库中函数信号发生器、字信号发生器、逻辑转换器、逻辑分析仪的使用方法

（3）掌握三态门电路

2. Multisim 10.0 中虚拟仪器的使用

（1）函数信号发生器

（2）字信号发生器

（3）逻辑分析仪

（4）逻辑转换仪

3. 实训内容

（1）函数信号发生器　（20 分）

Multisim10.0 虚拟仪器库中的函数信号发生器可产生频率、幅度和偏置都可调的正弦波、三角波和方波，其中三角波和方波还可以调节占空比，方波可调节上升/下降时间。

按照图 1.18 所示连接电路，函数信号发生器和示波器的参数按照图 1.19 所示进行设置。设置完毕后，打开仿真开关，让使能控制端先和 5V 电源相连，观察电路中灯的变化；再让使能端接地，继续观察灯泡的变化。同时观察示波器的波形变化情况。

改变输入信号频率，观察灯泡变化及示波器波形变化。

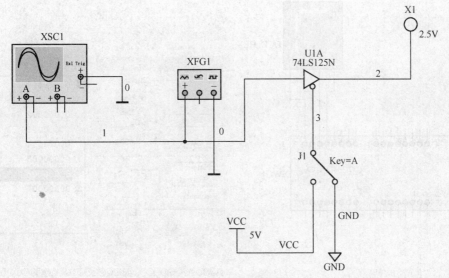

图 1.18　三态门仿真电路

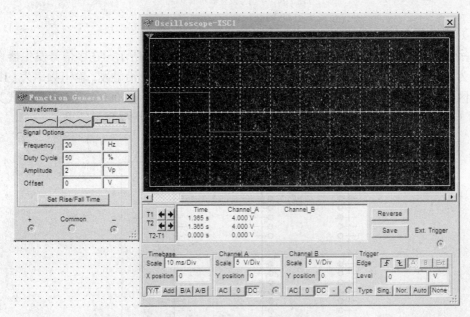

图 1.19　函数信号发生器和示波器参数设置

（2）用字信号发生器产生逻辑测试信号　（20 分）

按图 1.20 所示连接电路，双击字信号发生器打开其面板，循环方式设置为［cycle］，在面板中按［Set］按钮进入［Setting］对话框，设置［buffer size］为［0008H］，选中［Up Counter］，同时将［frequency］设置为［100Hz］，并点击［Accept］按钮，设置的数据区数据按递增编码。打开仿真开关可以看到数码管循环显示数字 0～7。

分别对字信号发生器［Burst］、［Step］、［断点］、［初始值］进行设置，观察现象，得出结论。

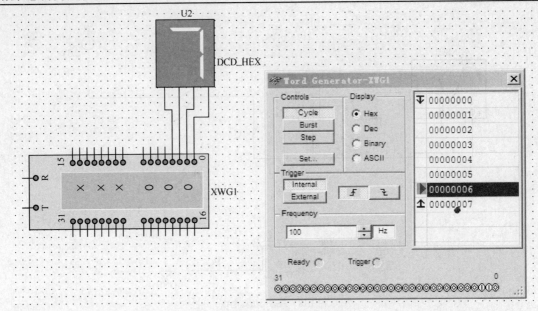

图 1.20　字信号发生器测试电路

（3）逻辑分析仪的使用　　（10 分）

用字发生器产生 0～F 循环输出 4 路时序信号，如图 1.21 所示。在字信号发生器设置控制方式为［循环（Cycle）］，触发方式为［内部（Internal）］且上升沿触发，输出频率为［1kHz］，字缓冲区的长度为［000F］，初始值为［00000000］，终止值为［0000000F］，显示方式为［十六进制（Hex）］。逻辑分析仪设置如图 1.22 所示，观察逻辑分析仪显示结果。

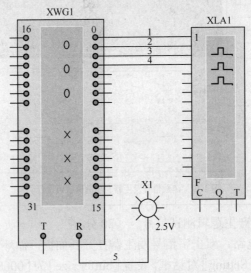

图 1.21　字信号发生器的应用

（4）逻辑转换器的使用

逻辑转换仪可将最多 8 个输入变量的逻辑电路图、真值表和逻辑表达式互相转换，真值表可转换为标准最小项与或式，也可化简为最简与或式，与或式可转换为与非式，并用与非门实现。图 1.23 所示为逻辑转换仪的符号。

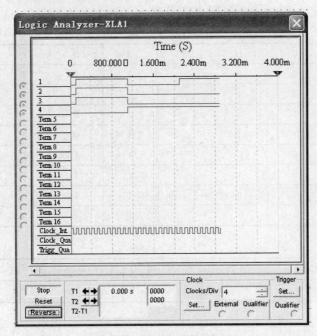

图 1.22　逻辑分析仪显示结果

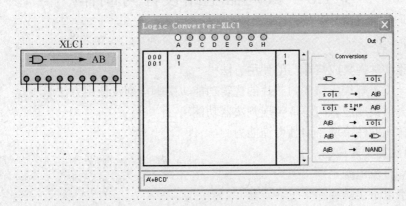

图 1.23　逻辑转换仪符号

① 按图 1.23 所示给出表达式 $\overline{A}+BC\overline{D}$，将用逻辑转换仪得到的真值表补充完整。（20 分）

A	B	C	D	F	A	B	C	D	F
0	0	0	0		1	0	0	0	
0	0	0	1		1	0	0	1	
0	0	1	0		1	0	1	0	
0	0	1	1		1	0	1	1	
0	1	0	0		1	1	0	0	
0	1	0	1		1	1	0	1	
0	1	1	0		1	1	1	0	
0	1	1	1		1	1	1	1	

② 化简逻辑函数 $F = A\overline{B}C\overline{D} + AB\overline{C}D + \overline{B}CD + C\overline{D}$，并画出逻辑电路图。（30分）

输入逻辑函数表达式，"非"号用"'"代替。

填写真值表如下所示。

A	B	C	D	F	A	B	C	D	F
0	0	0	0		1	0	0	0	
0	0	0	1		1	0	0	1	
0	0	1	0		1	0	1	0	
0	0	1	1		1	0	1	1	
0	1	0	0		1	1	0	0	
0	1	0	1		1	1	0	1	
0	1	1	0		1	1	1	0	
0	1	1	1		1	1	1	1	

4. 成绩评定

小题分值	（1）20	（2）20	（3）10	（4）①20	（4）②30	总分
小题得分						

1.6 裁判器电路设计与制作

1. 实训目的

（1）熟悉和掌握集成与非门的使用方法

（2）进一步了解集成与非门芯片的逻辑功能、引脚排列及使用方法

（3）学会用集成逻辑门芯片实现判决器功能

（4）了解元器件市场，增强咨询能力

2. 实训主要仪器设备

（1）+5V 直流电源

（2）数字电子实验装置　　　一套

（3）集成电路、元器件（依据实训要求自行确定）　　若干

（4）其他相关设备与导线

3. 功能要求

（1）裁判器可供给 3 人使用，编号为 1～3 号，各个人员分别用一个按钮控制。

（2）裁判规则为 3 人中有两人及两人以上裁定成功时，裁判器发出成功信息，否则失败。

4. 实训步骤

（1）利用给定实训材料，搭接判决器连接电路，注意芯片的电源和地的位置。

（2）调试电路，完成判决器功能。

（3）比较实训结果与已经完成的仿真结果并分析两者的异同。

5. 实训报告

（1）画出判决器实训电路图。（40分）

（2）依据实际判决器电路，列出元器件明细表。（30分）

名　　称	型　　号	数　　量	价　　格	备　　注

注：价格栏需学生到市场咨询调查后确定。

（3）整理判决器工作原理并进行描述。（20分）

（4）对此判决器的功能，可否用其他电路芯片实现？画出电路图。（10分）

6. 实训参考电路

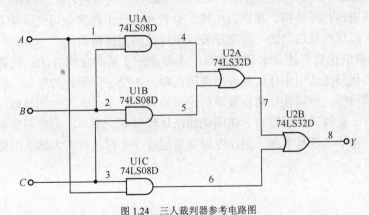

图1.24　三人裁判器参考电路图

7. 成绩评定

小题分值	（1）40分	（2）30分	（3）20分	（4）10分	总分
小题得分					

第三部分　总结与考核

知 识 小 结

本章所讲的内容主要是数制和码制、逻辑代数的公式和定律、逻辑函数的表示方法、逻辑函数的化简方法4部分。

1．数制　主要介绍了十进制、二进制、十六进制的特点以及它们之间的相互转换。

几种常见数制的对照表

	十　进　制	二　进　制	十　六　进　制
数码符号	0～9	0～1	0～9　A～F
基数	10	2	16
权值	10^{n-1}	2^{n-1}	16^{n-1}
计数规则	逢十进一	逢二进一	逢十六进一

2．码制　主要介绍了二-十进制编码，即 BCD 码。最基本和最常用的是 8421BCD 码，除此之外，常见的还有 2421、5421 等 BCD 码和格雷码。

3．基本逻辑运算是与运算、或运算和非运算。

4．逻辑代数是一种适用于逻辑推理、研究逻辑关系的主要数学工具。本章介绍了逻辑代数的基本公式和定律、运算规则，在实际化简逻辑函数式中十分有用。应熟记这些公式、定律、规则，并能灵活运用。

5．逻辑函数通常有 4 种表示方法，即逻辑函数式、真值表、逻辑图和卡诺图。这 4 种方法之间可以任意地相互转换，在逻辑电路的分析和设计中经常会用到这些方法。依据具体的使用情况，可以选择最适当的一种方法表示所讨论的逻辑函数。

6．逻辑函数的化简方法是本章的重点。本章介绍了两种化简方法：代数化简法和卡诺图化简法。代数化简法适用于任何复杂的逻辑函数，不受任何条件的限制；但由于这种方法没有固定的步骤可循，所以在化简较复杂的逻辑函数时，不仅需要熟练地运用多种公式和定律，而且需要有一定技巧和经验。卡诺图化简法比较直观、简单，也容易掌握，因为它有一定的化简步骤，初学者容易掌握；但在逻辑变量超过 5 个时没有太大的实用意义，将失去直观、简单的优点。

自我检验题

1．数制与码制的区别是什么？在数字电路中经常使用的计数制有哪几种？它们的关系如何？

2．什么是 BCD 码？什么是恒权码、无权码？

3．逻辑代数中 3 种最基本的逻辑运算是什么？

4．将下列十进制数用 8421BCD 码表示。

（1）48　　（2）87　　　（3）588　　（4）34.15

5．证明下列逻辑等式（证明方法不限）。

（1）$A\overline{B} + BD + CDE + \overline{A}D = A\overline{B} + D$

（2）$AB(C+D) + D + \overline{D}(A+B)(\overline{B}+\overline{C}) = A + B\overline{C} + D$

（3）$ABCD + \overline{A}\,\overline{B}\,\overline{C}\,D = \overline{AB + BC + CD + DA}$

6．什么是真值表？列出下列逻辑函数的真值表。

$$Y_1 = A\overline{B} + B\overline{C} + \overline{A}C$$

$$Y_2 = \overline{A}B + \overline{B}C + A\overline{C}$$

7．写出题 1（a）～（d）图所示各个函数的最简与或表达式。

A \ BC	00	01	11	10
0	1			1
1	1		1	1

（a）

A \ BC	00	01	11	10
0				
1	1	1	1	

（b）

AB \ CD	00	01	11	10
00	1	1		1
01		1	1	1
11	1	1	1	
10	1			1

（c）

AB \ CD	00	01	11	10
00		1	1	
01	1	1	1	1
11	1	1	1	1
10		1	1	

（d）

题 1 图

8．用卡诺图化简法将下列逻辑函数化为最简与或函数式。

（1）$Y = B\overline{C} + \overline{A}\,\overline{B}\,\overline{C} + A\overline{C} + A\overline{B}C$

（2）$Y = ABC + \overline{A}B + \overline{B}C$

（3）$Y = A\overline{B}\,\overline{C} + AC + \overline{A}BC + B\overline{C}\,\overline{D}$

（4）$Y = A\overline{C} + \overline{A}C + B\overline{C} + \overline{B}C$

（5）$Y = ABC + ABD + \overline{C}\,\overline{D} + A\overline{B}C + AC\overline{D}$

（6）$Y = \overline{\overline{A} + ABD} \cdot (B + \overline{C}D)$

（7）$Y = \overline{A}B + B\overline{C} + \overline{A}\,\overline{C} + A\overline{B}C + D$

（8）$Y = \overline{B} + ACD + BC + \overline{C}$

项目二　门电路的认识与测试

第一部分　相关知识

在前面章节中，我们学习了数制以及逻辑代数等数字电路的基本理论知识，但在实践中，正像所有的电路课程一样，我们需要把理论上的分析与设计功能通过具体的实体电路来实现，所以实现基本逻辑运算，以及常用扩展逻辑运算的具体实体电路的实现方法和运用技能就成数字电路课程中重要的基本知识与技能之一了。

在数字电路中，基本的逻辑运算是指"非"运算、"与"运算和"或"运算，而常用扩展逻辑运算是指"与非"运算、"或非"运算、"与或非"运算、"异或"运算以及"异或非"（即"同或"）等逻辑运算。在各种逻辑运算中，从输出信号的波形角度来看，都是在输入信号控制下的一连串宽度不等的矩形波，就像按需要在不同时间依次打开的一扇扇门，如图 2.1 所示的"异或"运算。所以，在数字电路中，我

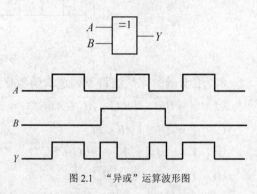

图 2.1　"异或"运算波形图

们也把各种逻辑运算电路称为逻辑门电路，简称门电路。

在数字电路的实践中，实现逻辑运算的方式很多，如用分立元件来实现逻辑门功能、用集成电路形式来实现逻辑门等，人们根据不同的环境场合以及信号强弱要求等采取不同的方法。但是，考虑标准化、经济化以及实现的方便等因素，目前使用最多的是集成门。所以，正像本章的标题，本章中我们主要讨论集成门电路的使用与注意事项。

2.1　分立元件实现的基本逻辑门电路

本节讨论分立元件实现的基本逻辑门电路的主要目的有两个，一是了解门电路的基本实现方法，同时更好地了解集成门电路；二是在必要环境下会用此方法来实现基本门运算，如在电视机中就大量出现这样的电路。

2.1.1　二极管"与"门电路

图 2.2 所示为用二极管实现的"与"门电路。

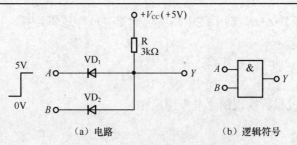

（a）电路　　　　　　（b）逻辑符号

图 2.2　用二极管实现的"与"门电路

如果我们把二极管视为理想的，则该电路的各种工作状态可以简单地分析如下：

① 当 A、B 都是低电平 0 时，两个二极管都导通，$U_Y=0$，即输出端被输入端钳位在 0V；

② 当 A、B 都是高电平 5V 时，两个二极管都截止，$U_Y=5V$；

③ 当 A 是低电平 0、B 是高电平 5V 时，两个二极管中 VD_1 导通、VD_2 截止，$U_Y=0$，即输出端被输入端 A 钳位在 0V；

④ 当 A 是高电平 5V、B 是低电平 0 时，两个二极管中 VD_2 导通、VD_1 截止，$U_Y=0$，即输出端被输入端 B 钳位在 0V。

如果我们按第一章中的正逻辑规定来看，即 5V 为逻辑高电平 1，0V 为逻辑低电平 0，显然输出 Y 与输入 A 和 B 之间有 $Y=AB$，即上述电路实现的是"与"逻辑运算。

2.1.2　二极管"或"门电路

图 2.3 所示为用二极管实现的"或"门电路。

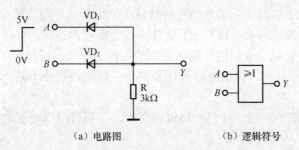

（a）电路图　　　　　　（b）逻辑符号

图 2.3　用二极管实现的"或"门电路

如果我们把二极管视为理想的，则该电路的各种工作状态可以简单地分析如下：

① 当 A、B 都是低电平 0 时，两个二极管都截止，$U_Y=0V$；

② 当 A、B 都是高电平 5V 时，两个二极管都导通，$U_Y=5V$，即输出端被输入端钳位在 5V；

③ 当 A 是低电平 0、B 是高电平 5V 时，两个二极管中 VD_2 导通、VD_1 截止，$U_Y=5V$，即输出端被输入端 B 钳位在 5V；

④ 当 A 是高电平 5V、B 是低电平 0 时，两个二极管中 VD_1 导通、VD_2 截止，$U_Y=5V$，即输出端被输入端 A 钳位在 5V。

如果我们按正逻辑规定来看，即 5V 为逻辑高电平 1，0V 为逻辑低电平 0，显然输出 Y

与输入 A 和 B 之间有 $Y=A+B$，即上述电路实现的是"或"逻辑运算。

2.1.3 三极管"非"门电路

图 2.4 所示为用三极管实现的"非"门电路。

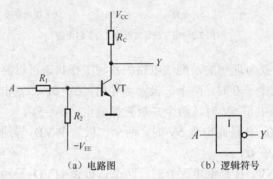

（a）电路图　　　　　（b）逻辑符号

图 2.4 用三极管实现的"非"门电路

通常情况下，模拟电路中的晶体管需要工作于放大状态，否则就会出现失真；而数字电路中的晶体管都要求交替地工作于截止和饱和两种状态，以便产生相对固定电压值的高低电平信号，这也是模拟电路和数字电路的基本不同点，请同学们在今后学习中加以区分。

"非"门实际上是输出恰好与输入反状态，这一点与模拟电路中学过的"反相放大器"电路相一致。不难看出，这个电路形式实际上就是我们在模拟电路中学过的"反相放大器"电路形式。不同的是，"反相放大器"电路中输入信号是正弦波等形式的模拟信号，需要三极管 VT 工作于放大状态以便于对输入信号进行放大，而"非"门电路中输入信号是矩形波等形式的数字信号，相应地需要三极管 VT 交替工作于截止和饱和两种状态。

如果我们把三极管视为理想的，则该电路的各种工作状态可以简单地分析如下：

① 当 A 是低电平 0 时，按照电路设计要求，三极管应当处于截止状态，$U_Y=V_{cc}$，即输出高电平；

② 当 A 是高电平 V_{cc} 时，按照电路设计要求，三极管应当处于饱和状态，$U_Y=0$，即输出低电平。

如果我们按第一章中的正逻辑规定来看，即 5V 为逻辑高电平 1，0V 为逻辑低电平 0，显然输出 Y 与输入 A 之间有 $Y=\overline{A}$，即上述电路实现的是"非"逻辑运算。当然，我们完全可以把上述门电路级联起来以实现与非、或非等功能，在此不再详细分析。

至此我们对于如何用实际电路实现逻辑运算有了一个了解，但是，这些方法在实际工作中还存在一些不足，比如，单个晶体管等的元器件体积会使电路占用空间太大，在较大的电路占用空间内会使布线复杂化而不利于掌控信号的延迟、各个门之间电参数不易做的一致等。所以目前实践中，门电路普遍采用的是市场化的集成电路。集成电路的使用会使上述不足大大改善，同时大规模生产也会使成本大大降低。目前集成门电路已经系列化，大大方便了技术人员的设计和选用，最常见的是 TTL 和 CMOS 两种门电路，下面将主要介绍这两种门电路的使用知识与技能。

2.2 TTL 集成逻辑门

TTL 集成逻辑门全称为晶体管-晶体管逻辑门,意思是其内部电路采用双极型晶体管构建而成,英文为 Transisitor-Transisitor Logic,TTL 即为其首字母缩写。

目前我国国产市场上的 TTL 集成电路的标准系列为 CT74（民用）、CT54（军用）系列,或 CT0000 系列,其功能和外引线排列与国际标准 54/74 系列相同。其中"C"表示中国,"T"表示 TTL 系列。两大系列具有几乎相同的电路结构和电气性能参数,但 CT54 系列更适合在温度条件恶劣、供电电源变化大的环境中使用。

以 CT0000 系列为例,对比 CT74、CT54 系列,其型号命名规则如下所述。

例如 CT 4 020 C J

　　① ② ③ ④ ⑤

① CT 表示中国国家标准 TTL 集成电路

② 表示系列代号,如:

1 表示标准系列,同 54/74 系列

2 表示高速系列,同 54H/74H 系列

3 表示肖特基系列,同 54S/74S 系列

4 表示低功耗肖特基系列,同 54LS/74LS 系列

③ 表示品种代号,同国际标准一致,如 00 表示 4 个 2 输入与非门产品

④ 表示工作温度范围

C：0～+70℃,同国际标准 74 系列电路的工作温度范围

M：−55～+125℃,同国际标准 54 系列电路的工作温度范围

⑤ 表示封装形式

B：塑料扁平　D：陶瓷双列直插　F：全密封扁平　J：黑陶瓷双列直插　P：塑料双列直插　W：陶瓷扁平

典型的 TTL 数字集成电路外形如图 2.5 所示。一般其管脚标记的规则为：面对封装面（背对管脚面）,将定位标示槽向上,从左上角开始逆时针计,管脚标号依次为 1、2、…,左下角（本例中的 7 脚）管脚为"地"端,右上角（本例中的 14 脚）管脚为"电源"端,其他端为逻辑运算输入输出端。

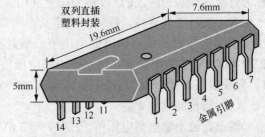

图 2.5 典型的 TTL 数字集成电路外形

至于逻辑运算输入输出端的具体分配要查阅手册确定,如常见的 7400 这个 4-2 输入与非门,1、2 为第一个门的输入端,3 为输出端；4、5 为第二个门的输入端,6 为输出端；9、10 为第三个门的输入端,8 为输出端；12、13 为第四个门的输入端,11 为输出端。

下面以最常见的 74 标准系列 TTL 与非门为例来学习常见参数和应用技能。

2.2.1 TTL 的主要特性与技术参数

1. 电源电压 V_{CC}

按照电路设计要求，TTL 数字集成电路对电源电压规定为 5 V±10%（54 系列），5 V±5%（74 系列）。

2. 电压传输特性和相关参数

图 2.6 所示为 TTL 与非门典型的电压传输特性曲线及其测试电路。所谓电压传输特性曲线就是门电路任一个输入端与输出端的电压关系曲线，如图 2.6（a）中 C 输入端输入某一个电压值时，输出端电压值是唯一确定的，输入输出之间的电压值是一一对应的，由这些成对的电压值所描绘出的曲线就是其电压传输特性曲线，该曲线所反映出的特性称为电压传输特性。

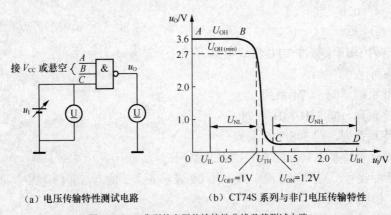

（a）电压传输特性测试电路　　　　（b）CT74S 系列与非门电压传输特性

图 2.6　TTL 典型的电压传输特性曲线及其测试电路

我们由曲线可以清楚地看到，其中有 3 个不同区域：AB、BC、CD。AB 部分输出电压稳定地保持在 3.6V；BC 部分输出电压变化较大，尤其是输出电压在 2.7V 到 0.7V 的部分变化比较剧烈；CD 部分输出电压稳定地保持在 0.3V。一般我们把 AB 段称为稳定关门区，BC 段称为过渡区或转折区，CD 段称为稳定开门区。

对于实际工程环境，我们一般定义一个最小输出高电压值和一个最高输出低电压值，最小输出高电压值和最高输出低电压值一般选在曲线开始剧烈变化的转折点上（如本例中的 2.7V 和 0.7V），只要输出在最小输出高电压值（2.7V）与 3.6V 之间就认为输出是逻辑高电平 1，只要输出在 0V 与最高输出低电压值（0.7V）之间就认为输出是逻辑低电平 0。

（1）输出高电平 V_{OH}

输出在最小输出高电压值（2.7V）与 3.6V 之间就认为输出是高电平，但一般认为输出的标准高电平为 3.6V。

（2）输出低电平 V_{OL}

输出在 0V 与最高输出低电压值（0.7V）之间就认为输出是低电平，但一般认为输出的标准低电平为 0.3V。

（3）关门电平 U_{OFF}

当输出为最小输出高电压值（2.7V）时所对应的输入电压称为关门电平 U_{OFF}，图 2.6 中

的 U_{OFF} 约为 1V。

关门电平 U_{OFF} 的物理意义为：当输入 $U_I < U_{OFF}$ 时，可确认该端输入为逻辑低电平 0。

（4）开门电平 U_{ON}

当输出为最高输出低电压值（0.7V）时所对应的输入电压称为开门电平 U_{ON}，图 2.6 中的 U_{ON} 约为 1.2V。

开门电平 U_{ON} 的物理意义为：当输入 $U_I > U_{ON}$ 时，可确认该端输入为逻辑高电平 1。

（5）阈值电压 U_{TH}

过渡区或转折区的中点所对应的输入电压称为阈值电压 U_{TH}。从图 2.6 中可以看出 $U_{OFF} < U_{TH} < U_{ON}$ 并且三者在数值上很接近，在曲线比较理想或者近似分析问题时，可以认为 $U_{OFF} = U_{TH} = U_{ON}$，即

① 当 $U_I > U_{TH}$ 时，该输入端为逻辑高电平 1；

② 当 $U_I < U_{TH}$ 时，该输入端为逻辑低电平 0。

（6）输入噪声容限

在实际工作环境中，输入信号经常会叠加外界的噪声电压，输入信号上叠加的噪声电压只要不超过允许值，就不会影响电路的正常工作及其逻辑功能，这个允许值称为噪声容限。噪声容限越大，电路的抗干扰能力越强。

门电路根据其所工作的状态不同（输出逻辑高电平 1 以及输出低电平 0），输入噪声容限可分为输入低电平噪声容限和输入高电平噪声容限。

输入低电平噪声容限 U_{NL} 是指输入低电平时，允许的最大正向噪声电压，即

$$U_{NL} = U_{OFF} - U_{IL}$$

输入高电平噪声容限 U_{NH} 是指输入高电平时，允许的最大负向噪声电压，即

$$U_{NH} = U_{IH} - U_{ON}$$

显然，只要输入的低电平电压 U_{IL} 或者输入的高电平电压 U_{IH} 满足上面的关系式，门电路就能正常工作。而且输入的低电平电压 U_{IL} 越接近 0V，或者输入的高电平电压 U_{IH} 越接近电源电压 5V，门电路的抗干扰能力越强。

3．输入负载特性

图 2.7 所示为 TTL 与非门典型的输入负载特性曲线及其测试电路。所谓输入负载特性曲线就是门电路任一个输入端和地之间的电阻值与该输入端的电压关系曲线，如图 2.7 中 C 输入端和地之间具有某一个电阻值时，C 端电压值与其有一一对应的关系，由这些成对的电阻值和电压值所描绘出的曲线就是其输入负载特性曲线，该曲线所反映出的特性称为输入负载特性。

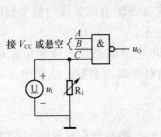
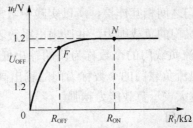

（a）输入负载特性测试电路　　　　　　（b）输入负载特性曲线

图 2.7　TTL 与非门典型的输入负载特性曲线及其测试电路

（1）关门电阻 R_{OFF}

从图 2.7 中可以看出，当输入端对地电阻 R_I 小于电阻 R_{OFF} 时，输入端电压 U_I 小于 U_{OFF}，相应输入端相当于输入逻辑低电平 0。R_{OFF} 称关门电阻。

不同系列的 TTL 门电路其 R_{OFF} 也不尽相同，具体数值要通过查阅手册获得。如对 CT74S 系列，R_{OFF} 的典型值约为 700Ω。

（2）开门电阻 R_{ON}

从图 2.7 中可以看出，当输入端对地电阻 R_I 大于电阻 R_{ON} 时，输入端电压 U_I 大于 U_{OH}，相应输入端相当于输入逻辑高电平 1。R_{ON} 称开门电阻。

不同系列的 TTL 门电路其 R_{ON} 也不尽相同，具体数值要通过查阅手册获得。如对 CT74S 系列，R_{ON} 的典型值约为 2.1kΩ。

需特别说明的是，由电压传输特性中的关门电平 U_{OFF}、开门电平 U_{ON} 以及输入负载特性中的关门电阻 R_{OFF}、开门电阻 R_{ON} 知识，我们可以得出结论，对于 TTL 门来讲，如果某个输入端接正电源端或悬空，相当于接逻辑高电平 1。

4. 输出负载特性

在实际电路中，一个门的输出端总是要和负载相互连接使用，当一个门的输出端输出低电平时，通常负载就要向门的输出端输入电流；而当一个门的输出端输出高电平时，通常门的输出端就要向负载输入电流。我们通常按照负载电流的流向将 TTL 门负载分为灌电流负载和拉电流负载。

负载电流流入 TTL 门的输出端的称为灌电流负载；反之，负载电流从 TTL 门的输出端流向外负载的称为拉电流负载，如图 2.8 所示。

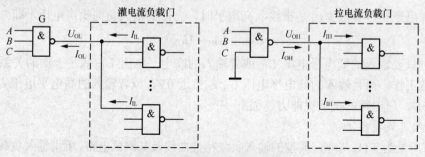

图 2.8　灌电流负载和拉电流负载

由于 TTL 门电路内部是由晶体管构成的，无论灌电流负载还是拉电流负载情况，流入和流出的电流大小都会受到一定的限制，这个限制就决定了门的带负载能力。由于数字电路中大多情况下都是门之间相互连接，所以实践中常常以带灌电流负载门的个数以及带拉电流负载门的个数来定义门的负载能力，并以扇出系数表示。

允许带灌电流负载门的个数称为门的输出低电平扇出系数，或灌电流扇出系数，记为 N_{OL}。允许带拉电流负载门的个数称为门的输出高电平扇出系数，或拉电流扇出系数，记为 N_{OH}。扇出系数越大表示负载能力越强。

5. 传输延迟时间

在模拟电路中我们已经知道，任何晶体管构成的电路都会有延迟时间，TTL 门也不例外。实际的非门输入输出信号波形如图 2.9 所示。

输入电压波形上升沿的 $0.5U_{Im}$ 处到输出电压下降沿的 $0.5Uo_m$ 处之间的时间称导通延迟时间 t_{PHL}。

输入电压波形下降沿的 $0.5U_{Im}$ 处到输出电压上升沿的 $0.5Uo_m$ 处之间的时间称截止延迟时间 t_{PLH}。

t_{PHL} 和 t_{PLH} 的平均值 t_{pd} 称为平均传输延迟时间。t_{pd} 越小，门电路工作速度越快，工作的频率越高。

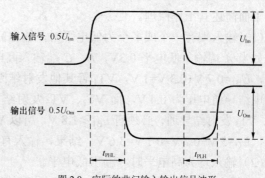

图 2.9 实际的非门输入输出信号波形

一般 TTL 门的 t_{pd} 为几个纳秒到几十个纳秒。

6. 静态功耗与功耗-延迟积

静态功耗定义为 $P_0 = \dfrac{I_{CCL}+I_{CCH}}{2}V_{CC}$

其中 I_{CCL}、I_{CCH} 分别为 TTL 门输出低电平和输出高电平时的电源电流。

性能优越的门电路应具有功耗低、工作速度快的特点，然而这两者是矛盾的。

实际工作中常用静态功耗 P_0 和平均传输延迟时间 t_{pd} 的乘积，简称功耗-延迟积，来综合评价 TTL 门电路的性能，即 $M=P_0 t_{pd}$。

M 又称门的品质因素，其值越小，说明 TTL 门的综合性能越好。

2.2.2 TTL 门的电路原理

前面我们学习了 TTL 门的基本参数、性能和应用技能。对于与非门来讲，如果某个输入端接电源端或悬空，则相当于接逻辑高电平 1。为什么会有这样的性质？简单了解其内部结构和工作原理对我们更好地理解、掌握与应用门电路具有积极的意义。本节中我们简单描述 TTL 门的内部结构和工作原理，目的仅在于更好地理解、掌握与记忆其参数特性。

图 2.10（a）为典型的 TTL 与非门的内部电路。

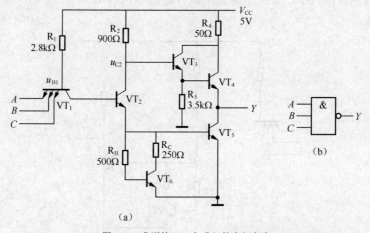

图 2.10 典型的 TTL 与非门的内部电路

下面简述其工作原理。

（1）输入端有一个或多个为低电平时，输出高电平。

如当 A 端输入低电平 0.3 V，B、C 端输入高电平 3.6 V 时，输入低电平端对应的发射结导通，U_{B1}=0.7 V+0.3 V=1 V，VT_1 管其他发射结因反偏而截止。这时因为抗饱和三极管 VT_1 的集电结导通电压为 0.4 V，而 VT_2、VT_5 发射结通电压为 0.7 V，因此要使 VT_1 集电结和 VT_2、VT_5 发射结导通，必须有 $u_{B1} \geqslant 1.8$ V，所以 VT_2、VT_5 截止，$U_{C2} \approx V_{CC} = 5$ V，VT_3、VT_4 导通，U_O=5 V–0.7 V–0.7 V=3.6 V。结果，输入有低电平时，输出为高电平。

（2）输入均为高电平时，输出低电平。

V_{CC} 经 R_1 使 VT_1 集电结和 VT_2、VT_5 发射结导通，使 U_{B1}=0.4 V+0.7 V+0.7 V=1.8 V。因此，VT_1 发射结反偏而集电极正偏，处于倒置状态。这时 VT_2、VT_5 饱和，$U_{C2} = U_{CE2}(\text{sat}) + U_{BE5}$= 0.3 V+0.7 V=1 V，使 VT_3 导通，而 VT_4 截止，U_O=$U_{CE5}(\text{sat}) \approx 0.3$ V。结果，输入均为高电平时，输出为低电平。

如果我们按第一章中的正逻辑规定来看，即若 3.6 V 为逻辑高电平 1，0.3 V 为逻辑低电平 0，显然输出 Y 与输入 A、B 和 C 之间有 $Y = \overline{ABC}$，即上述电路实现的是"与非"逻辑运算。

前述的关门电平 U_{OFF}、开门电平 U_{ON}、关门电阻 R_{OFF}、开门电阻 R_{ON} 等参数在该电路中都可以按照我们已学过的电路知识计算出来，这里不再分析。

2.2.3 扩展功能的 TTL 门电路

正如在逻辑代数中所讲，数字电路中的基本逻辑运算为"与"、"或"、"非"以及其组合"与非"、"或非"、"异或"、"同或"等，但是实际工作中因带动较大负载等的需求，又扩展出了一些特殊性能的 TTL 门电路系列，以满足不同场合的需要，这些特殊性能的 TTL 门电路系列在实际中有着非常广泛的应用。

1．集电极开路与非门（OC 门）

以与非门为例，集电极开路与非门的电路符号如图 2.11 所示。它实现的基本逻辑运算还是与非，但具有负载能力强、可以"线与"等的特殊性质。图 2.12 所示为集电极开路与非门（OC 门）的内部电路。

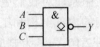

图 2.11　集电极开路与非门（OC 门）的电路符号

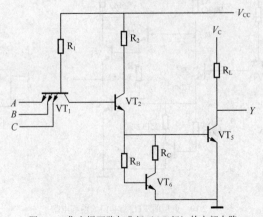

图 2.12　集电极开路与非门（OC 门）的内部电路

该电路与标准 TTL 电路的不同之处在于将 VT_3 和 VT_4 及其附属元件去除了，使用时可以直接在电源 V_{CC} 与输出端之间接负载，其工作原理如下所述。

输入都为高电平时，VT_2 和 VT_5 饱和导通，输出为低电平，$U_{OL} \approx 0.3$ V。输入有低电平时，VT_2 和 VT_5 截止，输出为高电平，$U_{OH} \approx V_{CC}$，因此其具有基本的与非门功能。

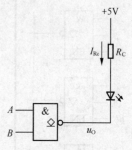

图 2.13 OC 门驱动发光二极管

这种特殊的内部结构使得 OC 门有很强而且很灵活的负载能力。图 2.13 所示的电路可以直接驱动发光二极管，因为当 U_O 为低电平时可使发光二极管导通发光，而当 U_O 为高电平时发光二极管因没有通路而完全截止不发光。但对于标准 TTL 与非门来讲，当 U_O 为高电平时约为 3.6V，因此发光二极管回路与门内部的 VT_3 和 VT_4 导通回路形成导通竞争而可能造成门输出不稳定，进而会造成门的损坏。

当将两个或多个 OC 门的输出端直接相连，会发生什么情况？

显然，当两个门都输出高电平时，公共输出端输出为高电平；否则，只要有一个门输出为低电平，公共输出端输出就会为低电平。这就好像把两个门的输出端又进行了一次与运算。我们把这种直接用导线连接输出端就得到的与运算功能称为"线与"，以区别于用具体门来实现的与运算。"线与"是 OC 门特有的性质。

需要特别强调的是，标准的 TTL 与非门是不允许将两个门的输出端直接连接使用的，因为一个门输出低电平意味着其内部 VT_2 和 VT_5 饱和、VT_3 和 VT_4 截止，而另一个门输出高电平意味着其内部 VT_2 和 VT_5 截止、VT_3 和 VT_4 饱和，这样两个门就会形成从电源 V_{CC} 经过输出高电平门的饱和的 VT_3 和 VT_4，到输出低电平门的饱和的 VT_2 和 VT_5，再经地的近似短路回路，从而烧毁电路。

2. 三态输出门

所谓三态输出门就是其输出端除了输出高电平、低电平两种常见状态外，还具备输出标准 TTL 门不具有的高电阻状态的门电路。以与非功能的三态门为例，其逻辑符号如图 2.14 所示，内部电路原理如图 2.15 所示。

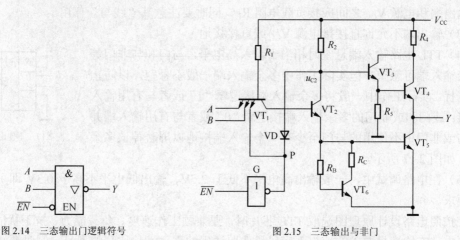

图 2.14 三态输出门逻辑符号

图 2.15 三态输出与非门

与标准 TTL 门不同的是，它多了一个所谓的"使能端 $\overline{EN}$（Enable 的缩写）"及其附属电路，当 $\overline{EN}=0$ 时，$\overline{EN}$ 及其附属电路对原电路失去作用，$Y=AB$，三态门与标准 TTL 门完全一样，处于正常工作态；当 $\overline{EN}=1$ 时，三态门一方面相当于有一个低电平输入，使 VT_2 和 VT_5 截止，另外，通过 VD 的钳位作用使 U_{C2} 处于低电平，这迫使 VT_3 和 VT_4 也截止，这样，VT_2、VT_3、VT_4、VT_5 都截止，使得输出端 Y 对外呈现出高阻态。

使能端有两种标示及控制方式，本例中标示法表示低电平有效，即只有 $\overline{EN}$ 端为低电平时，门才会处于正常的逻辑运算工作状态。

三态门的这种特殊功能在数字电路系统中有着广阔的应用，如计算机等数字系统中的总线电路结构就是用三态门来完成的。

图 2.16 所示为用三态门实现的单总线电路。

任何时刻 EN_1、EN_2、EN_3 中只能有一个为有效电平，使相应三态门工作，而其他三态输出门处于高阻状态，从而实现了总线的复用。

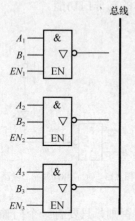

图 2.16 用三态门实现的单总线电路

2.2.4 TTL 集成逻辑门的使用注意事项

通过上面的学习，我们掌握了 TTL 门电路的基本参数、特性、应用方法和技能。根据晶体管电路以及 TTL 内部结构的特点，在实际运用 TTL 门的时候，我们还必须要注意一些实际问题才能使其发挥出应有的性能。

（1）为防止外来干扰通过电源串入电路，需对电源进行滤波。在印刷电路板电源端接 10～100μF 电容至地，对低频滤波。电路中每隔 10 个门左右接 0.01～0.1μF 电容至地，对高频干扰滤波。

（2）普通 TTL 门的输出端不允许直接并联使用。三态输出门的输出端可并联使用，但同一时刻只能有一个门工作，其他门输出处于高阻状态。集电极开路门输出端可并联使用，但公共输出端和电源 V_{CC} 之间应接负载电阻 R_L，同时要注意其"线与"作用。

（3）输出端不允许直接接电源 V_{CC} 或直接接地。

（4）TTL 电路输入端悬空时相当于输入高电平，与门和与非门等的多余输入端可悬空，但实际工作中多余输入端一般不悬空，以防止串入干扰。实际工作中一般将多余输入端接逻辑"1"或者与有用输入端并接；或门和或非门的多余输入端接逻辑"0"或者与有用输入端并接；与或非门中不使用的与门至少有一个输入端接地以屏蔽掉该多余的门，如图 2.17 所示。

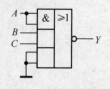

图 2.17 不使用的门

（5）在电路调试中，一般输出高电平不低于 2.7V、输出低电平不高于 0.3V 即可满足正常的要求。

在按照电路设计原理图选取 TTL 芯片时，要兼顾工作速度、负载能力、抗干扰能力、功耗等要求，在能满足要求的前提下应尽量选取通用性强、性价比高的型号。同时要注意，一般实际使用中的最高工作频率 f_m 应不大于逻辑门最高工作频率 f_{max} 的一半，以确保工作稳定。

不同系列的 TTL 中，器件型号后面几位数字相同时，通常逻辑功能、外型尺寸、外引线排列都相同，只是工作速度（平均传输延迟时间 t_{pd}）和静态功耗等参数有所不同。

2.3 CMOS 集成逻辑门

除了 TTL 门以外，还有 MOS 集成门电路，如 PMOS、NMOS、CMOS 集成门电路。MOS 集成门电路就是内部电路采用 MOS 管的门电路。PMOS、NMOS、CMOS 集成门电路中应用最广泛的是 CMOS 集成门电路。本节将只介绍 CMOS 集成门电路。考虑到模拟电路中对 MOS 管的掌握、前面对 TTL 门的理解基础以及在实际工作中的技能要求，本节中不再赘述 CMOS 集成门电路的内部工作原理等内容，只将 CMOS 集成门电路与 TTL 集成门电路的共性与差异点进行对比性介绍，以使读者重点了解与掌握 CMOS 集成门电路的特性和使用技能。

目前我国国产市场上常见的 CMOS 数字集成电路的系列为 CC74（民用）、CC54（军用）和 CC0000 系列，其功能和外引线排列与国际标准 CMOS54/74 系列相同。

其中两个 C 分别表示中国国家标准和 CMOS 系列。CC74 和 CC54 两大系列具有几乎相同的电路结构和电气性能参数，但 CC54 系列更适合在温度条件恶劣、供电电源波动大的环境中使用。

CMOS 型号命名规则基本同 TTL 系列的命名，典型的 CMOS 数字集成电路外形及管脚标记规则也同 TTL 系列，在此不再一一赘述。

2.3.1 CMOS 集成逻辑门的特性与特点

1. CMOS 集成逻辑门电源电压 V_{DD} 的范围宽

CMOS 集成逻辑门的电源电压一般有比较宽的范围，如 CC4000 系列的电源电压为 3～15V。在允许范围内选用的电源电压越高，其抗干扰能力就越强。

需要指出的是，为了方便与 TTL 共用，一般将电源电压选为 5V。

2. CMOS 集成逻辑门输出的高电平几乎为电源电压 V_{DD}、低电平为 0

高电平值明显高于 TTL 门，这使得 CMOS 集成逻辑门的信号逻辑摆幅大，可靠性与稳定性更高。

3. CMOS 集成逻辑门的噪声容限大

阈值电压或门槛电压 $U_{TH}=V_{DD}/2=2.5V$。结合其输出的高电平、低电平值，噪声容限约为 $V_{DD}/2$。

以上特点通过图 2.18 所示的 CMOS 非门的典型电压传输特性明显可见。为了直观、清晰地将 TTL 与 CMOS 进行比较，图中同时给出了 STTL 非门的电压传输特性。

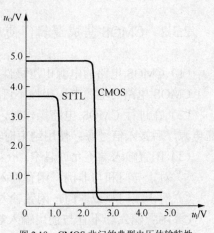

图 2.18 CMOS 非门的典型电压传输特性

4. CMOS 集成逻辑门静态功耗极小、扇出系数大

由于 CMOS 即使在导通时漏极电流也极小，所以 CMOS 集成逻辑门的静态功耗极小，同时扇出系数很大。如选择电源电压为 5V 时，CMOS 集成逻辑门的静态功耗约为几个微瓦（μW），扇出系数约为 40。

5. CMOS 集成逻辑门输入阻抗高

CMOS 集成逻辑门典型的输入阻抗为 $10^{10} \sim 10^{12}\Omega$。

6. CMOS 集成逻辑门工作速度低、驱动能力较差

CMOS 集成逻辑门的平均传输延迟时间为几十个纳秒，较 TTL 门大，所以 CMOS 集成逻辑门的工作速度不及 TTL 门。另外，尽管 CMOS 集成逻辑门扇出系数较 TTL 的大，但其对负载的驱动能力并不比 TTL 的大，这一点要注意。

7. CMOS 传输门

CMOS 集成逻辑门与 TTL 一样，也有扩展功能逻辑门，如漏极开路门（OD 门）、三态输出门，而且其逻辑符号、工作性质同 TTL 一样，不再赘述。

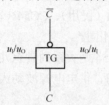

这里需要特别提出的是，CMOS 传输门是 CMOS 扩展集成逻辑门中很有特色的一种，其逻辑符号如图 2.19 所示。

其中 C 或 $\overline{C}$ 为两个对称的传输控制端，u_O/u_I 或 u_I/u_O 为两个对称的输入/输出端，也就是说，在使用中，可以用 C 或 $\overline{C}$ 两个中任一个做控制端用，可以用 u_O/u_I 或 u_I/u_O 两个中任一个做输入端用而另一个做输出端用。

图 2.19　CMOS 传输门逻辑符号

它的工作特点为：在控制端高、低电平作用下，电路可呈现两种工作状态，一是输入和输出之间呈现很低的阻抗特性，使得输入信号几乎能完整地传输到输出端；二是输入和输出之间呈现极高的阻抗特性，使得整个门呈现高阻隔断状态，输入信号几乎被完整地隔断。简言之就是：

当 $C = 1$、$\overline{C} = 0$ 时，传输门开通，$U_O = U_I$；

当 $C = 0$、$\overline{C} = 1$ 时，传输门关闭，信号不能传输。

传输门其实就是一个理想的双向开关，既可传输模拟信号，又可传输数字信号。

2.3.2　CMOS 集成逻辑门使用注意事项

（1）CMOS 电路的电源电压极性不可接反。

CMOS 电路的电源电压极性不可接反，否则，可能会造成电路永久性失效。

（2）在进行 CMOS 电路操作时，或对 CMOS 数字系统进行调试、测量时，应先接入直流电源，后接入信号源；使用结束时，应先关断信号源，后关断直流电源。

（3）闲置输入端不允许悬空。

① 对于与门和与非门，闲置输入端应接正电源或高电平；

② 对于或门和或非门，闲置输入端应接地或低电平；

③ 闲置输入端不宜与使用输入端并联使用，因为这样会增大输入电容，从而使电路的工作速度进一步下降；但在工作速度要求不高的情况下，允许输入端并联使用。

（4）输出端不允许直接与电源 V_{DD} 或地相连。

（5）当 CMOS 电路输出端接大容量的负载电容时，为保证流过管子的电流不超过允许值，需在输出端和电容之间串接一个限流电阻。

（6）CMOS 集成逻辑门在存放和运输时，应放在导电容器或金属容器内。

（7）CMOS 集成逻辑门在焊接或操作时，电烙铁必须接地良好，必要时，将电烙铁的电源插头拔下，利用余热焊接。组装、调试时，应使所有的仪表、工作台面等有良好的接地。

2.4　TTL 与 CMOS 集成门的互联接口电路

由于 TTL 和 CMOS 的电源电压、工作速度、工作电流等参数不尽一致，所以它们在一般的小电路系统中很少混合交叉使用。但是，考虑到 TTL 的工作速度较快，而 CMOS 的功耗较低等因素，往往又在较大的系统设计制作中，分块使用，甚至交叉混合使用这两种电路。如何使两种电路能够较好地匹配协调工作就成为必须要考虑的一个实际问题了。所以，TTL 与 CMOS 集成门的互连接口电路就成为十分有用的工具。

需要指出的是，有些 CMOS 门，如 CC74HCT 兼容系列在制造时已考虑到和 TTL 电路的兼容问题，它的输入高电平 $U_{IH}(min)=2\,V$，而 TTL 电路输出的高电平 $U_{OH}(min)=2.7\,V$，因此，TTL 电路的输出端可直接与该系列 CMOS 电路（如 CC74HCT 系列）的输入端相连，不需要另外再加其他器件。如果是非兼容系列，则需考虑 TTL 与 CMOS 集成门的互联接口电路。

2.4.1　TTL 电路驱动 CMOS 电路

TTL 电路输出的低电平满足驱动 CMOS 电路输入的要求，而输出高电平的下限值一般为 2.7V，小于 CMOS 电路输入高电平的一般下限值 3.5V（当采用较高电源电压时更高），它们之间不能直接地稳定驱动。因此 TTL 电路驱动 CMOS 电路的主要问题是，应设法提高 TTL 电路输出高电平的下限值，使其大于 CMOS 电路输入高电平的下限值。

1. 电源电压相同都为 5V 时

采取的主要措施是在 TTL 电路输出端接一个上拉电阻 R_U，具体实现方法如图 2.20 所示。上拉电阻 R_U 的大小一般为几十欧至几千欧。

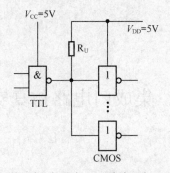

图 2.20　电源电压相同时，TTL 电路驱动 CMOS 电路

2. 电源电压不同时

当电源电压不同，如 CMOS 采用 12V 电源电压时，尽管还是需要上拉电阻 R_U，但是不可能满足超过 TTL 电源 5V 的 CMOS 电路输入高电平的下限值要求，因此需要借用 OC 门配合上拉电阻 R_U 来实现。具体电路如图 2.21 所示。

3. 采用电平转换专用芯片

采用专用电平转换芯片实现互联是行之有效而且方便的方法。电路如图 2.22 所示。

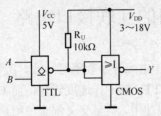 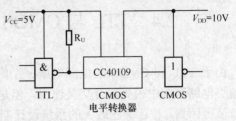

图 2.21　电源电压不同时，TTL 电路驱动 CMOS 电路　　　图 2.22　采用电平转换专用芯片实现互联的电路

2.4.2　CMOS 电路驱动 TTL 电路

CMOS 电路输出的高、低电平都满足 TTL 的要求，但由于 TTL 电路输入低电平时电流较大，而 CMOS 电路输出低电平电流却很小，灌电流负载能力很差，不能向 TTL 提供较大的低电平电流，因此，CMOS 电路驱动 TTL 电路的主要问题是，应设法提高 CMOS 电路输出低电平电流的能力。

可以采取两种方法，一是将同一芯片上的多个 CMOS 并联使用以增加驱动能力，如图 2.23 所示；二是在 CMOS 电路输出端和 TTL 电路输入端间接入 CMOS 驱动器以增加驱动能力，如图 2.24 所示。

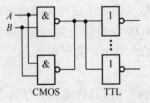 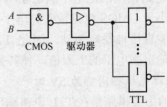

图 2.23　将同一芯片上的多个 CMOS 并联使用以增加驱动能力　　图 2.24　CMOS 和 TTL 电路间接入 CMOS 驱动器以增加驱动能力

第二部分　工作任务

2.5　集成门电路仿真实训

1. 实训目的

（1）验证常用门电路功能

（2）对集成门电路逻辑功能有直观感性认识

（3）熟悉 Multisim 10.0 软件使用

（4）掌握逻辑门的电路仿真技能

2．实训内容

集成逻辑门电路是最简单、最基本的数字集成器件，任何复杂的组合逻辑电路都是由逻辑门电路通过适当的逻辑组合连接而成的。常用的基本逻辑门电路有与门、或门、非门、与非门、或非门等。

3．实训电路与步骤

（1）TTL 二输入与门逻辑功能验证。实训电路如图 2.25 所示。连接电路，打开仿真开关，切换单刀双掷开关 J1 和 J2，观察探测器的亮灭，验证集成门电路 74LS08 的逻辑功能。探测器亮表示输出高电平 1，灭表示输出低电平 0。填写真值表，写出逻辑表达式。（10 分）

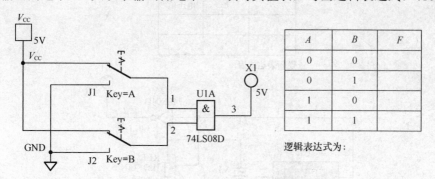

A	B	F
0	0	
0	1	
1	0	
1	1	

逻辑表达式为：

图 2.25　与门逻辑功能验证电路

（2）TTL 二输入与非门逻辑功能验证。实训电路如图 2.26 所示。连接电路，打开仿真开关，切换单刀双掷开关 J1 和 J2，观察探测器的亮灭，验证集成门电路 74LS00 的逻辑功能。探测器亮表示输出高电平 1，灭表示输出低电平 0。填写真值表，写出逻辑表达式。（10 分）

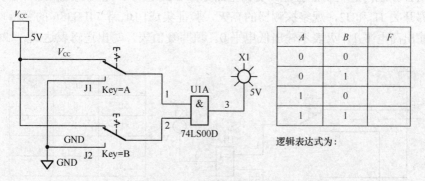

A	B	F
0	0	
0	1	
1	0	
1	1	

逻辑表达式为：

图 2.26　与非门逻辑功能验证电路

（3）TTL 二输入或非门逻辑功能验证。实训电路如图 2.27 所示。连接电路，打开仿真开关，切换单刀双掷开关 J1 和 J2，观察探测器的亮灭，验证集成门电路 74LS02 的逻辑功能。探测器亮表示输出高电平 1，灭表示输出低电平 0。填写真值表，写出逻辑表达式。（20 分）

（4）TTL 非门逻辑功能验证。实训电路如图 2.28 所示。连接电路，打开仿真开关，调节电位器，观察探测器的亮灭，验证集成门电路 74LS04 的逻辑功能。探测器亮表示输出高电平 1，灭表示输出低电平 0。填写真值表，记录逻辑 1、0 电平的电压值，写出逻辑表达式。（20 分）

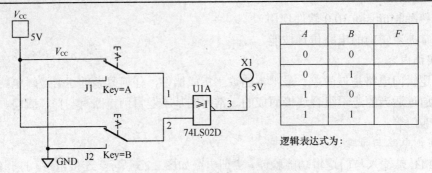

A	B	F
0	0	
0	1	
1	0	
1	1	

逻辑表达式为：

图 2.27　或非门逻辑功能验证电路

A	F	电压值
0		
I		

逻辑表达式为：

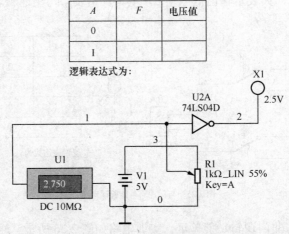

图 2.28　非门逻辑功能验证电路

（5）TTL 异或门逻辑功能验证。实训电路如图 2.29 所示。连接电路，打开仿真开关，切换单刀双掷开关 J1 和 J2，观察探测器的亮灭，验证集成门电路 74LS386 的逻辑功能。探测器亮表示输出高电平 1，灭表示输出低电平 0。填写真值表，写出逻辑表达式。（20 分）

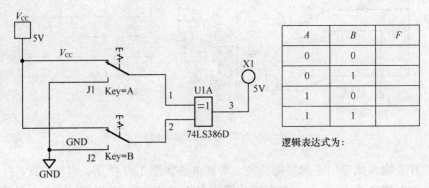

A	B	F
0	0	
0	1	
1	0	
1	1	

逻辑表达式为：

图 2.29　异或门逻辑功能验证电路

4. 思考题（20 分）

自己构建电路，对其他集成电路的逻辑功能进行仿真验证。

5. 成绩评定

小题分值	(1) 10	(2) 10	(3) 20	(4) 20	(5) 20	思考题20	总分
小题得分							

2.6　TTL 集成逻辑门的参数测试

1. 实训目的

(1) 掌握 TTL 集成与非门的主要性能参数及测试方法

(2) 对 TTL 集成与非门的主要性能参数有直观感性认识

(3) 熟悉 TTL 器件的使用规则

(4) 熟悉数字电路测试中常用电子仪器的使用方法

2. 实训内容

实际测试 TTL 与非门的空载导通电源电流 I_{CCL}、空载截止电源电流 I_{CCH}、输出高电平 V_{OH}、输出低电平 V_{OL}、低电平输入电流 $I_{IS(IIL)}$、扇出系数 N_0、电压传输特性曲线等参数（见表 2.1）。

通过参数测试并与国家标准的数据手册所示电参数进行对比，可以判明一个具体芯片的质量。现以国家标准的数据手册中 74LS00 4-2 输入与非门电参数规范为例，说明参数规范值和测试条件（见表 2.2）。

表 2.1　　　　　　　　　　　　　　建议操作条件

Symbol（符号）	Parameter（参数）	最小	典型	最大	UNIT（单位）
V_{CC}	Supply Voltage 电源电压	4.75	5	5.25	V
V_{IH}	High Level Input Voltage 输入高电平电压	2	—	—	V
V_{IL}	LOW Level Input Voltage 输入低电平电压	—	—	0.8	V
I_{OH}	HIGH Level Output Current 高电平输出电流	—	—	−0.4	mA
I_{OL}	LOW Level Output Current 低电平输出电流	—	—	8	mA
T_A	Free Air Operating Temperature 工作温度	0	—	70	℃

表 2.2　　　　　　　　　　　　74LS00 的主要电参数规范

Symbol（符号）	Parameter（参数）	Conditions（条件）	最小	典型	最大	UNIT（单位）
V_I	Input Clamp Voltage 输入钳位电压	$V_{CC}=$ 最小, $I_I=-18$ mA	—	—	−1.5	V
V_{OH}	HIGH Level Output Voltage 输出高电平电压	$V_{CC}=$最小, $I_{OH}=$最大, $V_{IL}=$最大	2.7	3.4	—	V
V_{OL}	LOW LevelOutput Voltage 输出低电平电压	$V_{CC}=$最小, $I_{OL}=$最大, $V_{IH}=$最小	—	0.35	0.5	V
		$I_{OL}=4$ mA, $V_{CC}=$ 最小	—	0.25	0.4	
I_I	Input Current @ MAX Input Voltage 输入电流@最大输入电压	$V_{CC}=$ 最大, $V_I=7$V	—	—	0.1	mA

续表

Symbol（符号）	Parameter（参数）	Conditions（条件）	最小	典型	最大	UNIT（单位）
I_{IH}	HIGH Level Input Current 输入高电平电流	V_{CC} = 最大，VI = 2.7V	—	—	20	μA
I_{IL}	LOW Level Input Current 低电平输入电流	V_{CC} = 最大，VI = 0.4V	—	—	−0.36	mA
I_{OS}	Short Circuit Output Current 短路输出电流	V_{CC} = 最大（Note 3）	−20	—	−100	mA
I_{CCH}	Supply Current with Outputs HIGH 高电平输出电源电流	V_{CC} = 最大	—	0.8	1.6	mA
I_{CCL}	Supply Current with Outputs LOW 低电平输出电源电流	V_{CC} = 最大	—	2.4	4.4	mA

说明：我们可以用万用表来简单鉴别一个门的逻辑功能是否正常。在对 TTL 与非门判断时，按资料规定的电源电压值接好（5V±10%），输入端全悬空，即全"1"，则输出端用万用表测应在 0.4V 以下，即逻辑"0"。若将其中一输入端接地，输出端应在 3.6V 左右（逻辑"1"），此门为合格门。

3．实训设备

（1）数字电路实验台

（2）数字逻辑电路实验箱扩展板

（3）芯片 74LS00

（4）5.1kΩ、100Ω、200Ω、500Ω、1kΩ 电阻；1kΩ、10kΩ 可调电阻

（5）数字万用表

4．实训用芯片

与非门是逻辑电路中应用最广的一种门电路，其输入输出之间满足逻辑关系 $Y = \overline{A \cdot B}$。A、B 代表输入变量，Y 代表输出变量。了解与非门的参数和测量方法是十分必要的，在数字实验电路中，大都采用低功耗肖特基 TTL 电路（即 LSTTL 电路），与非门采用 74LS00 的输入端四与非门，其逻辑图外引线排列如图 2.30 所示。

5．TTL 门电路的使用规则

（1）接插集成块时，要认清定位标记，不能插反。

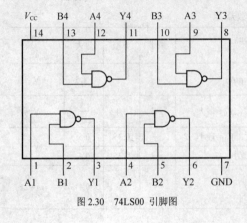
图 2.30　74LS00 引脚图

（2）对电源要求比较严格，只允许在 5V±10% 的范围内工作，电源极性不可接错。

（3）普通 TTL 与非门不能并联使用（集电极开路门与三态输出门电路除外），否则不仅会使电路逻辑混乱，而且会导致器件损坏。

（4）要正确处理闲置输入端。闲置输入端处理方法有以下几种。

① 悬空。相当于正逻辑"1"，对于一般小规模集成电路的数据输入端，实验时允许悬空处理。但易受外界干扰，导致电路的逻辑功能不正常。因

此，对于接有长线的输入端，中规模以上的集成电路和使用集成电路较多的复杂电路，所有的控制输入端必须按逻辑要求接入电路，不允许悬空。

② 直接接电源电压 V_{CC}（也可串入一只 $1\sim10\text{k}\Omega$ 的固定电阻）或接至某一固定电压（$+2.4\text{V}<U<4.5\text{V}$）的电源上，或与输入端为接地的多余与非门的输出端相接。

③ 若前级驱动能力允许，可以与使用的输入端并联。

（5）负载个数不能超过允许值。

（6）输出端不允许直接接地或直接接+5V 电源，否则会损坏器件。有时为了使后级电路获得较高的输出电平，允许输出端通过电阻接至 V_{CC}，一般取电阻值为 $3\sim5.1\text{k}\Omega$。

6. 实验内容与步骤

在合适的位置选取一个 14P 插座，按定位标记插好 74LS00 集成块。

（1）空载导通电源电流 I_{CCL} 和空载截止电源电流 I_{CCH} 的测试

与非门处于不同的工作状态时，电源提供的电流是不同的。I_{CCL} 是指输入端全部悬空（相当于输入全 1），与非门处于导通状态，输出端空载时，电源提供的电流。I_{CCH} 是指输入端接低电平，输出端开路时电源提供的电流。注意该片的另外 3 个门的输入也要接地。

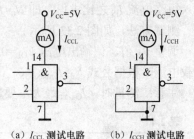

（a）I_{CCL} 测试电路　（b）I_{CCH} 测试电路

图 2.31　电源电流参数测试

测试条件：测 I_{CCL} 时输入端悬空，输出空载，$V_{CC}=5\text{V}$。

测试条件：测 I_{CCH} 时，$V_{CC}=5\text{V}$，$V_{in}=0$，空载。

测试方法，如图 2.31 所示。将测试数据填入表 2.3 中。

表 2.3

I_{CCL}	I_{CCH}	$P_{ON}=I_{CCL}\times V_{CC}$	$P_{OFF}=I_{CCH}\times V_{CC}$

说明：将空载导通电源电流 I_{CCL} 乘以电源电压就得到空载导通功耗 P_{ON}，即 $P_{ON}=I_{CCL}\times V_{CC}$。空载截止功耗 P_{OFF} 为空载截止电源电流 I_{CCH} 与电源电压之积，即 $P_{OFF}=I_{CCH}\times V_{CC}$。通常对典型与非门要求 $P_{ON}<50\text{mW}$，其典型值为三十几毫瓦；$P_{OFF}<25\text{mW}$。

（2）输出高电平 V_{OH} 和输出低电平 V_{OL} 的测试

V_{OH} 测试方法，如图 2.32（a）所示。将测试数据填入表 2.4 中。

V_{OL} 测试方法，如图 2.32（b）所示。

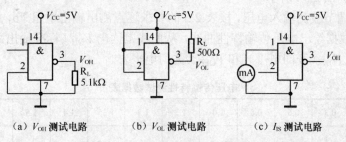

（a）V_{OH} 测试电路　　（b）V_{OL} 测试电路　　（c）I_{IS} 测试电路

图 2.32　输出电平和输入电流参数测试

（3）低电平输入电流 $I_{IS\,(IIL)}$ 的测试

I_{IS} 是指输入端接地输出端空载时，由被测输入端流出的电流，又称低电平输入短路电流，它是与非门的一个重要参数，因为输入端电流就是前级门电路的负载电流，其大小直接影响前级电路带动的负载个数，因此希望 I_{IS} 小些。

测试条件：$V_{CC}=5V$，被测某个输入端通过电流表接地，其余各输入端悬空，输出空载。

测试方法，如图 2.32（c）所示。将测试数据填入表 2.4 中。

通常典型与非门的 I_{IS} 为 1.4mA。

（4）扇出系数 N_0 的测试

扇出系数 N_0 是指输出端最多能带同类门的个数，它反映了与非门的最大负载能力。TTL 与非门有两种不同性质的负载，即灌电流负载和拉电流负载，因此有两种扇出系数，即低电平扇出系数 N_{OL} 和高电平扇出系数 N_{OH}。通常 $I_{IIH}<I_{IL}$，则 $N_{OH}>N_{OL}$，故常以 N_{OL} 作为门的扇出系数。扇出系数可用输出为低电平（$\leq 0.35V$）时允许灌入的最大灌入负载电流 I_{Omax} 与输入短路电流 I_{IS} 之比求得，即 $N_0=I_{Omax}/I_{IS}$。一般 $N>8$ 被认为合格。

测试方法，如图 2.33 所示。

调整 R_L 值，使输出电压 $V_{OL}=0.4V$，测出此时的负载电流 I_{Omax}，它就是允许灌入的最大负载电流，根据公式 $N_0=I_{Omax}/I_{IS}$，即可计算出扇出系数 N_0。将测试数据填入表 2.4 中。

注意：测量时，I_{Omax} 最大不要超过 20mA，以防损坏器件。

表 2.4

V_{OH}	V_{OL}	I_{IS}	I_{Omax}	$N_0=I_{Omax}/I_{IS}$

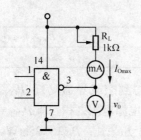

图 2.33 扇出系数 N_0 的测试电路

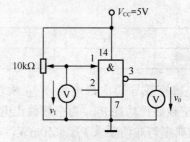

图 2.34 电压传输特性的测试电路

（5）电压传输特性

测试方法，如图 2.34 所示。

利用电位器调节被测输入电压，按表 2.5 的要求逐点测出输出电压 Vo，将结果记入表 2.5 中，再根据实测数据绘出电压传输特性曲线，从曲线上读出 V_{OH}（标准输出高电平）、V_{OL}（标准输出低电平）、V_{ON}（开门电平）和 V_{OFF}（关门电平）。

表 2.5 　　　　　　　　　　　　　　电压传输特性测试数据表

v_I (V)	0	0.3	0.6	0.8	1.0	1.2	1.3	1.35	1.4	1.5	2.0	2.4	3.0
v_0 (V)													

7. 思考问题

（1）为什么 TTL 与非门的输入端悬空相当于逻辑 1？

（2）集成电路有的引脚规定接逻辑 1，而在实际电路中为什么不能悬空？

（3）测量扇出系数 N_0 的原理是什么？

8. 成绩评定

小题分值	表 2.3 20 分	表 2.4 30 分	表 2.5 20 分	思考题 20 分	总分
小题得分					

第三部分 总结与考核

知 识 小 结

门电路是组成数字电路的基本单元之一，最基本的逻辑门电路有与门、或门和非门。在本项目中，我们学习了用分立的元器件简单地实现逻辑运算。

在实际工程中，通常采用集成门电路实现逻辑运算，常用的有与非门、或非门、与或非门、异或门、输出开路门、三态门和 CMOS 传输门等。门电路的学习重点是常用集成门的逻辑功能、外特性和应用方法。

TTL 数字集成电路主要有 CT74（民用）、CT54（军用）系列，或 CT0000 系列，其功能和外引线排列与国际标准 54/74 系列相同。CMOS 数字集成电路的系列为 CC74（民用）、CC54（军用）和 CC0000，其功能和外引线排列与国际标准 CMOS54/74 系列相同。

对集成门通常用功耗-延迟积来综合评价其电路性能。CT74LS 的功耗-延迟积很小、性能优越、品种多、价格便宜，实际工作中选用较多。

应用集成门电路时，应注意以下几种。

1. 电源电压

TTL 电路电源只能用＋5 V（74 系列允许误差±5%）；CMOS 系列可用范围较宽，一般情况下，CMOS 门多用 5 V，以便与 TTL 电路兼容。

2. 数字电路中的信号电平

数字电路中的信号电平有高电平和低电平两种取值，高电平和低电平为某规定范围的电位值，而非一固定值。门电路种类不同，高电平和低电平的允许范围也不同。

标准情况下 TTL 的 $U_{IL} \approx U_{OL} \approx 0$ V，$U_{IH} \approx U_{OH} \approx 3.6$ V；

CMOS 的 $U_{IL} \approx U_{OL} \approx 0$ V，$U_{IH} \approx U_{OH} \approx V_{DD}$。

3. 当输入端外接电阻 R_I 时

对 TTL，若 $R_I < R_{OFF}$，相当于输入逻辑 0；

若 $R_I > R_{ON}$，相当于输入逻辑 1。

CMOS 门电路由于输入电流几乎为零，因此不存在开门电阻和关门电阻。

4. 闲置输入端的处理

与门和与非门：多余输入端接正电源或与有用输入端并接。

或门和或非门：多余输入端接地或与有用输入端并接。

TTL 电路输入端悬空时相当于输入高电平。

CMOS 电路多余输入端不允许悬空，一般按照逻辑功能要求接 V_{DD} 或地。

CMOS 电路多余输入端与有用输入端的并接仅适用于工作频率很低的场合。

5. 输出端的连接

普通 TTL 门的输出端不允许直接并联。

开路门的输出端可并联使用实现"线与"，还可用来驱动需要一定功率的负载。

三态输出门的输出端也可并联，用来实现总线结构，但三态输出门使能端必须分时交叉工作。使用三态门时，还需注意使能端的有效电平。

6. 扩展功能门电路

常见扩展功能门有输出开路门（TTL 的 OC 门、CMOS 的 OD 门）、三态门、CMOS 传输门。输出开路门和三态门都具有基本的逻辑运算功能（如与非、或非等）。

输出开路门输出端可并联使用实现"线与"，还可用来驱动需要一定功率的负载。

三态输出门的输出端也可并联，用来实现总线结构。

CMOS 传输门不是用来进行逻辑运算的，相当于一个传输开关，而且既可传输数字信号，也可传输模拟信号。

7. TTL 与 CMOS 共用注意事项

TTL 工作速度快，驱动负载能力较好；而 CMOS 功耗小，扇出系数大。使用中要扬长避短。

TTL 与 CMOS 互连使用时，除了兼容系列外，要注意合理使用接口电路。

自我检验题

一、填空题

1．TTL 集成电路的子系列中，74S 表示_____系列，74L 表示_____系列、74LS 表示_____系列。

2．功能为"有 0 出 1、全 1 出 0"的门电路是_____门；具有"_____"功能的门电路是或门；实际中集成_____门应用得最为普遍。

3．TTL 三态与非门除了具有_____态和_____态，还有第三种状态_____态。

4．集电极开路的 TTL 与非门又称为_____门，其输出可以_____。

5．TTL 集成电路和 CMOS 集成电路相比较，_____集成门的带负载能力较强，_____集成门的抗干扰能力较强。

6．两个参数对称一致的一个_____管和一个_____管，并联可构成一个 CMOS 传输门。

二、判断正误题

1．TTL 与非门可以实现"线与"逻辑功能。　　　　　　　　　　　　　　　（　　）

2．逻辑门电路是数字逻辑电路中的最基本单元。　　　　　　　　　　　　　（　　）

3．TTL 和 CMOS 两种集成电路与非门，其闲置输入端都可以悬空处理。　　　（　　）

4．74LS 系列产品是 TTL 集成电路的主流，应用最为广泛。　　　　　　　　（　　）

5．OC 门不仅能够实现"总线"结构，还可构成与或非逻辑。 （ ）

6．CMOS 电路的带负载能力和抗干扰能力均比 TTL 电路强。 （ ）

三、简述题

1．数字电路中，正逻辑和负逻辑是如何规定的？

2．你能说出常用复合门电路的种类吗？它们的功能如何？

3．TTL 与非门闲置的输入端能否悬空处理？CMOS 与非门呢？

4．试述 TTL 与非门和 OC 门、三态门的主要区别。

5．如果把与非门、或非门、异或门当做非门使用，它们的输入端应如何连接？

6．提高 CMOS 门电路的电源电压可提高电路的抗干扰能力，TTL 门电路能否这样做？为什么？

项目三　16路跑马灯组合电路的设计与仿真

第一部分　相关知识

数字电路按照逻辑功能的不同可分为两大类，即组合逻辑电路（简称组合电路）和时序逻辑电路（简称时序电路）。

所谓组合逻辑电路是指电路在任一时刻的输出状态只取决于该时刻各输入状态的组合，而与电路原来的状态无关。从本章开始，要接触中、大规模集成组合逻辑电路。将介绍编码器和译码器、数据选择器和数据分配器、数值比较器等常见的组合逻辑电路。对于这些常用的集成组合逻辑电路，着重分析它们的功能及基本的应用方法。本章项目16路跑马灯的仿真就实现了对译码器、计数器等基本集成组合逻辑电路的设计和应用。

图 3.1　组合电路框图

组合电路的特点从下面两方面来描述。

（1）功能特点

不具有记忆功能，输出信号只取决于输入信号，与电路过去的状态没有关系。

（2）电路结构特点

电路全部由与门、或门、与非门、或非门等逻辑门组合而成。只有输入到输出的通路，没有输出到输入的反馈通路。

组合电路的逻辑功能可用逻辑图、真值表、逻辑表达式、卡诺图和波形图等 5 种方法来描述，它们在本质上是相通的，可以互相转换。

3.1　组合逻辑电路的分析与设计

3.1.1　组合逻辑电路的分析

分析组合逻辑电路是为了确定已知电路的输入和输出间的逻辑关系及其电路的功能，或者检查电路设计是否合理。

组合逻辑电路的分析方法如下所述。

（1）写出输出逻辑函数的表达式。根据给定的组合逻辑电路，由输入到输出逐级写出各门电路的输出表达式，最后求出电路输出对输入的逻辑函数式。

（2）进行简化。在需要时，用公式法或卡诺图法将输出函数表达式化简成最简式。

（3）列出真值表。将各种可能的输入信号取值代入简化了的表达式中进行计算，输出和输入一一对应列出真值表。

（4）确定逻辑功能。

例 3.1　试分析图 3.2 所示逻辑电路的功能。

解：（1）写出输出逻辑函数表达式。

图 3.2 所示是由 4 个与非门构成的三级组合逻辑电路。逻辑电路中的级数是指从某一输入信号变化到引起输出也发生变化所经历的逻辑门的最大数目。通常将输入级作为第一级，顺序推之。从输入端开始，根据器件的基本功能，逐级推导出输出端的逻辑表达式。

图 3.2　例 3.1 逻辑图

得到逻辑表达式为

$$Y = \overline{\overline{A \cdot \overline{AB}} \cdot \overline{B \cdot \overline{AB}}}$$

（2）对表达式进行化简

$$
\begin{aligned}
Y &= \overline{\overline{A \cdot \overline{AB}} \cdot \overline{B \cdot \overline{AB}}} \\
&= \overline{\overline{A \cdot \overline{AB}}} + \overline{\overline{B \cdot \overline{AB}}} \\
&= A \cdot \overline{AB} + B \cdot \overline{AB} \\
&= \overline{AB}(A + B) \\
&= (\overline{A} + \overline{B})(A + B) \\
&= \overline{B}A + \overline{A}B
\end{aligned}
\tag{3.1}
$$

（3）列真值表。由式（3.1）列出的真值表见表 3.1。

（4）确定电路的功能。由真值表可看出，A、B 不一致时，输出为 1，否则为 0，故此电路为二变量"异或"电路。

表 3.1　例 3.1 的真值表

A	B	Y
0	0	0
0	1	1
1	0	1
1	1	0

例 3.2　已知逻辑电路如图 3.3 所示，分析其功能。

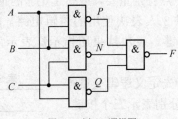

图 3.3　例 3.2 逻辑图

解：（1）写出逻辑表达式。

$$
\begin{aligned}
P &= \overline{AB} \\
N &= \overline{BC} \\
Q &= \overline{AC} \\
F &= \overline{PNQ} = \overline{\overline{AB}\ \overline{BC}\ \overline{AC}} = AB + BC + AC
\end{aligned}
\tag{3.2}
$$

（2）由式 3.2 列出真值表，见表 3.2。

表 3.2   **例 3.2 的真值表**

A	B	C		AB	AC	BC	F
0	0	0		0	0	0	0
0	0	1		0	0	0	0
0	1	0		0	0	0	0
0	1	1		0	0	1	1
1	0	0		0	0	0	0
1	0	1		0	1	0	1
1	1	0		1	0	0	1
1	1	1		1	1	1	1

（3）确定逻辑功能。由真值表可以看出，该电路在输入 3 变量中，只要有两个或两个以上变量为 1，则输出为 1，故可概括为三变量多数表决电路。

3.1.2   组合逻辑电路的设计

组合逻辑电路的设计是根据给定的逻辑要求及器件资源情况，使用最少的门电路设计出能实现该逻辑要求的最佳逻辑电路。根据所用器件不同，可以采用小规模集成门电路实现，也可以采用中规模集成器件或可编程逻辑器件实现。

采用小规模集成门电路（SSI）构成组合逻辑电路的设计方法与步骤如下。

（1）分析设计要求，进行逻辑抽象。分析给定实际逻辑问题的因果关系，根据给定的要求确定输入变量和输出变量，并对它们进行逻辑赋值，即确定 "0" 和 "1" 代表的含义。

（2）根据给定的逻辑功能的要求列出真值表。

（3）由真值表写出逻辑表达式或画出卡诺图并化简。

（4）按照最简表达式画出逻辑图。

（1）、（2）两步是组合逻辑电路设计中最关键的两步，如果这两步错了，设计出来的电路也就不能满足设计要求。这一点特别重要，应引起足够的重视。

例 3.3   设计一个能实现供 3 人表决使用的逻辑电路。每人有一个按键，如同意，按下此键；如不同意，就不按此键。表决结果用指示灯表示，多数同意，灯亮；否则，灯不亮。

解：（1）进行逻辑抽象。首先定义逻辑变量符号和它们的取值：设 A、B、C 分别表示三个按键，Y 表示表决结果。A、B、C 为 "1" 时表示相应按键被按下，为 "0" 时，表示按键没被按下。多数同意时，灯亮，Y 为 1；多数反对时，灯不亮，Y 为 0。

（2）依题意列出输入变量和输出变量的真值表如表 3.3 所示。

表 3.3   **例 3.3 的真值表**

A	B	C	Y
0	0	0	0
0	0	1	0
0	1	0	0
0	1	1	1
1	0	0	0
1	0	1	1
1	1	0	1
1	1	1	1

（3）由真值表画出卡诺图如图 3.4 所示并化简，写出最简表达式为：

$$Y = AB + BC + AC$$

（4）根据化简结果画出逻辑图，如图 3.5 所示。

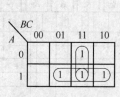

图 3.4　例 3.3 的卡诺图

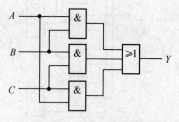

图 3.5　例 3.3 的逻辑图

例 3.4　有三个班学生上晚自习，大教室能容纳两个班学生，小教室能容纳一个班学生。设计两个教室是否开灯的逻辑控制电路，要求如下：

（1）一个班学生上自习，开小教室的灯；

（2）两个班上自习，开大教室的灯；

（3）三个班上自习，两教室均开灯。

解：（1）进行逻辑抽象。确定输入、输出变量的个数。根据电路要求，设输入变量 A、B、C 分别表示三个班学生是否上自习，"1"表示上自习，"0"表示不上自习；输出变量 Y、G 分别表示大教室、小教室的灯是否亮，"1"表示亮，"0"表示灭。

（2）列真值表如表 3.4 所示。

（3）化简。利用卡诺图化简，如图 3.6 所示。

表 3.4　　　例 3.4 的真值表

A	B	C	Y	G
0	0	0	0	0
0	0	1	0	1
0	1	0	0	1
0	1	1	1	0
1	0	0	0	1
1	0	1	1	0
1	1	0	1	0
1	1	1	1	1

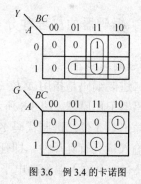

图 3.6　例 3.4 的卡诺图

$$Y = AB + BC + AC$$

$$G = \overline{A}\,\overline{B}C + \overline{A}B\overline{C} + A\overline{B}\,\overline{C} + ABC = \overline{A}(B \oplus C) + A(B \odot C)$$

（4）画逻辑图。逻辑电路图如图 3.7（a）所示。

用与非门实现该设计电路的设计步骤如下：首先，将化简后的与或逻辑表达式转换为与非形式，再画出用与非门实现的组合逻辑电路，如图 3.7（b）所示。

$$Y = AB + BC + AC = \overline{\overline{AB} \cdot \overline{BC} \cdot \overline{AC}}$$

$$G = \overline{A}\,\overline{B}C + \overline{A}B\overline{C} + A\overline{B}\,\overline{C} + ABC = \overline{\overline{\overline{A}\,\overline{B}C} \cdot \overline{\overline{A}B\overline{C}} \cdot \overline{A\overline{B}\,\overline{C}} \cdot \overline{ABC}} \qquad (3.3)$$

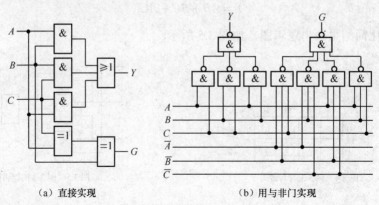

（a）直接实现　　　　　　　　　　（b）用与非门实现

图 3.7　例 3.4 的逻辑图

3.2　编　码　器

所谓编码就是将特定含义的输入信号（文字、数字、符号等）转换成二进制代码的过程。实现编码操作的数字电路称为编码器。

按照编码方式不同，编码器可分为普通编码器和优先编码器。按照输出代码种类的不同，编码器可分为二进制编码器和非二进制编码器。

3.2.1　编码器的原理和分类

1. 二进制编码器

所谓二进制编码是指用 N 位二进制代码对 $n=2^N$ 个信号进行编码的电路。现以图 3.8 为例说明编码器工作原理。图 3.8 所示是 3 位二进制编码器。该编码器的输入是 $I_0 \sim I_7$ 8 个高电平信号，输出是 3 位二进制代码 $Y_2Y_1Y_0$。因此，又把它叫做 8 线-3 线编码器。

由于输入量具有互斥性，即任何时刻只能对 0、1、2、…、7 中的一个输入信号进行编码，每次只有一个输入端为高电平，不允许同时输入两个高电平。当某一个输入为高电平时，就输出与该输入相对应的二进制代码。

从真值表可以写出逻辑函数式：

$$Y_0 = I_1 + I_3 + I_5 + I_7$$
$$Y_1 = I_2 + I_3 + I_6 + I_7 \qquad (3.4)$$
$$Y_2 = I_4 + I_5 + I_6 + I_7$$

在图中，I_0 的编码是隐含着的，当 $I_0 \sim I_7$ 均为 0 时，电路输出就是 I_0 的编码。

表 3.5   **3 位二进制编码器真值表**

输 入								输 出		
I_7	I_6	I_5	I_4	I_3	I_2	I_1	I_0	Y_2	Y_1	Y_0
0	0	0	0	0	0	0	1	0	0	0
0	0	0	0	0	0	1	0	0	0	1
0	0	0	0	0	1	0	0	0	1	0
0	0	0	0	1	0	0	0	0	1	1
0	0	0	1	0	0	0	0	1	0	0
0	0	1	0	0	0	0	0	1	0	1
0	1	0	0	0	0	0	0	1	1	0
1	0	0	0	0	0	0	0	1	1	1

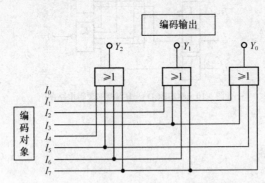

图 3.8   3 位（8 线-3 线）二进制编码器逻辑图

2. 二-十进制编码器

将十进制数 0～9 的 10 个数字编成二进制代码的电路，叫做二-十进制编码器，也称 10 线-4 线编码器。它是用四位二进制代码表示一位十进制数的编码电路，示意图如图 3.9 所示。

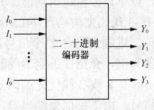

图 3.9   二-十进制编码器示意图

表 3.6   **8421 BCD 码编码器真值表**

十进制数	输 入										输 出			
	I_0	I_1	I_2	I_3	I_4	I_5	I_6	I_7	I_8	I_9	Y_3	Y_2	Y_1	Y_0
0	1	0	0	0	0	0	0	0	0	0	0	0	0	0
1	0	1	0	0	0	0	0	0	0	0	0	0	0	1
2	0	0	1	0	0	0	0	0	0	0	0	0	1	0
3	0	0	0	1	0	0	0	0	0	0	0	0	1	1
4	0	0	0	0	1	0	0	0	0	0	0	1	0	0
5	0	0	0	0	0	1	0	0	0	0	0	1	0	1
6	0	0	0	0	0	0	1	0	0	0	0	1	1	0
7	0	0	0	0	0	0	0	1	0	0	0	1	1	1
8	0	0	0	0	0	0	0	0	1	0	1	0	0	0
9	0	0	0	0	0	0	0	0	0	1	1	0	0	1

8421BCD 码编码器的逻辑图如图 3.10 所示。其中，输入信号 I_0～I_9 代表 0～9 共 10 个十

进制信号，输出信号 $Y_0 \sim Y_3$ 为相应的二进制代码。

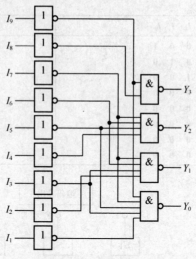

图 3.10　8421BCD 码编码器的逻辑电路图

3.2.2　集成编码器

这里介绍两种常用的集成电路编码器 74LS147 和 74LS148，它们都有 TTL 和 CMOS 的定型产品，以下只分析逻辑功能、介绍它们的应用方法。

1.　8 线-3 线优先编码器 74LS148

用 n 位二进制代码对 2^n 个信号进行编码的电路就是二进制编码器。下面以 74LS148 集成电路编码器为例，介绍二进制编码器。

74LS148 是 8 线-3 线优先编码器，常用于优先中断系统和键盘编码。它有 8 位输入信号，3 位输出信号。由于是优先编码器，故允许多个输入信号同时有效，但只对其中优先级别最高的有效输入信号编码，而对级别较低的不响应。

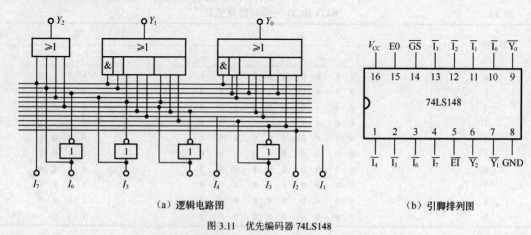

（a）逻辑电路图　　　　　　　　　　　　　　（b）引脚排列图

图 3.11　优先编码器 74LS148

$\overline{\text{EI}}$ 为使能输入端，低电平有效。E0 为使能输出端，通常接至低位芯片的输入端。E0 和

$\overline{\text{EI}}$ 配合可以实现多级编码器之间的优先级别的控制。$\overline{\text{GS}}$ 为扩展输出端，是控制标志。$\overline{\text{GS}} = 0$ 表示不是编码输出，$\overline{\text{GS}} = 1$ 表示是编码输出。

表 3.7　　　　　　　　　　　　　　**74LS148 真值表**

输				入					输		出		
$\overline{EI}$	$\overline{I_0}$	$\overline{I_1}$	$\overline{I_2}$	$\overline{I_3}$	$\overline{I_4}$	$\overline{I_5}$	$\overline{I_6}$	$\overline{I_7}$	$\overline{Y_2}$	$\overline{Y_1}$	$\overline{Y_0}$	$\overline{GS}$	E0
1	×	×	×	×	×	×	×	×	1	1	1	0	1
0	1	1	1	1	1	1	1	1	1	1	1	0	0
0	×	×	×	×	×	×	×	0	0	0	0	1	1
0	×	×	×	×	×	×	0	1	0	0	1	1	1
0	×	×	×	×	×	0	1	1	0	1	0	1	1
0	×	×	×	×	0	1	1	1	0	1	1	1	1
0	×	×	×	0	1	1	1	1	1	0	0	1	1
0	×	×	0	1	1	1	1	1	1	0	1	1	1
0	×	0	1	1	1	1	1	1	1	1	0	1	1
0	0	1	1	1	1	1	1	1	1	1	1	1	1

从功能表不难看出，输入优先级别的次序依次为 7，6，…，0。输入有效信号为低电平，当某一输出端有低电平输入，且比它优先级别高的输入端无低电平输入时，输出端才输出相对应的输入端的代码。注意 74LS148 芯片的输入、输出均以反码表示，即某个输入端为低电平 "**0**" 表示有信号，为高电平 "**1**" 表示无信号。

2. 10 线-4 线优先编码器 74LS147

将十进制数 0～9 的 10 个数字编成二进制代码的电路，叫做二-十进制编码器，也称 10 线-4 线编码器。下面以 74LS147 集成电路编码器为例，介绍二-十进制编码器。图 3.12 给出了 74LS147 的逻辑图和引脚排列图。74LS147 优先编码器的真值表见表 3.8。

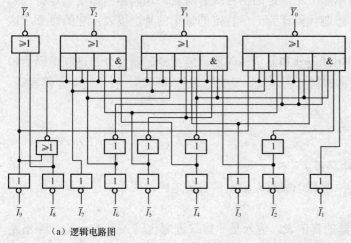

（a）逻辑电路图

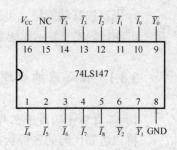

（b）引脚排列图

图 3.12　74LS147 优先编码器

表 3.8　　　　　　　　　　　74LS147 真值表

输　入									输　出			
$\overline{I_1}$	$\overline{I_2}$	$\overline{I_3}$	$\overline{I_4}$	$\overline{I_5}$	$\overline{I_6}$	$\overline{I_7}$	$\overline{I_8}$	$\overline{I_9}$	$\overline{Y_3}$	$\overline{Y_2}$	$\overline{Y_1}$	$\overline{Y_0}$
1	1	1	1	1	1	1	1	1	1	1	1	1
×	×	×	×	×	×	×	×	0	0	1	1	0
×	×	×	×	×	×	×	0	1	0	1	1	1
×	×	×	×	×	×	0	1	1	1	0	0	0
×	×	×	×	×	0	1	1	1	1	0	0	1
×	×	×	×	0	1	1	1	1	1	0	1	0
×	×	×	0	1	1	1	1	1	1	0	1	1
×	×	0	1	1	1	1	1	1	1	1	0	0
×	0	1	1	1	1	1	1	1	1	1	0	1
0	1	1	1	1	1	1	1	1	1	1	1	0

74LS147 有 $\overline{I_1}$、$\overline{I_2}$、…、$\overline{I_8}$、$\overline{I_9}$ 9 个输入端，其中 $\overline{I_9}$ 状态信号级别最高，$\overline{I_1}$ 状态信号级别最低。$\overline{Y_3}$、$\overline{Y_2}$、$\overline{Y_1}$、$\overline{Y_0}$ 为 4 个输出端，$\overline{Y_3}$ 为最高位，$\overline{Y_0}$ 为最低位。它是 TTL 中规模集成电路。输入、输出均以反码表示，即某个输入端为低电平"0"表示有编码信号，高电平"1"表示无编码信号。当 9 个输入端全为"1"时，代表无编码信号。若 $\overline{I_0} \sim \overline{I_9}$ 有有效信号输入，则根据输入信号的优先级别，输出级别最高的信号的编码，即当 $\overline{I_9}$ 为 0 时，不论其余输入端为 0 还是为 1 都被排斥，此时，输出 $\overline{Y_3}\ \overline{Y_2}\ \overline{Y_1}\ \overline{Y_0} =0110$；当 $\overline{I_9} =1$，$\overline{I_8} =0$ 时，输出 $\overline{Y_3}\ \overline{Y_2}\ \overline{Y_1}\ \overline{Y_0} =0111$，其余的依次类推。

3.3　译码器和数据分配器

实现译码功能的数字电路称为译码器。译码是编码的逆过程。在编码时，每一种二进制代码，都赋予了特定的含义，即表示了一个确定的信号或者对象。译码器的作用就是将代码的原意"翻译"出来，即将每个二进制代码译为一个特定的输出信号，以表示它的原意，这一过程叫做译码。

译码器按其功能特点可分为通用译码器和显示译码器。通用译码器又分二进制译码器和非二进制译码器。显示译码器按显示材料分为荧光、发光二极管译码器，液晶显示译码器等。

3.3.1　译码器的原理和分类

1. 二进制译码器（也称变量译码器）
将二进制代码的各种状态按其原意翻译成对应输出信号的电路，叫做二进制译码器。
（1）3 位二进制译码器
表 3.9 所示是 3 位二进制译码器的真值表，输入是 3 位二进制代码 A_2、A_1、A_0，输出是其译码 $Y_0 \sim Y_7$。

表 3.9　　　　　　　　　　　　　　　　　**3 位二进制译码器的真值表**

输　入			输　出							
A_2	A_1	A_0	Y_7	Y_6	Y_5	Y_4	Y_3	Y_2	Y_1	Y_0
0	0	0	0	0	0	0	0	0	0	1
0	0	1	0	0	0	0	0	0	1	0
0	1	0	0	0	0	0	0	1	0	0
0	1	1	0	0	0	0	1	0	0	0
1	0	0	0	0	0	1	0	0	0	0
1	0	1	0	0	1	0	0	0	0	0
1	1	0	0	1	0	0	0	0	0	0
1	1	1	1	0	0	0	0	0	0	0

由真值表可写出逻辑表达式：

$$
\begin{aligned}
&Y_0 = \overline{A_2}\,\overline{A_1}\,\overline{A_0} \qquad\qquad Y_1 = \overline{A_2}\,\overline{A_1}A_0 \\
&Y_2 = \overline{A_2}A_1\overline{A_0} \qquad\qquad\quad Y_3 = \overline{A_2}A_1A_0 \\
&Y_4 = A_2\overline{A_1}\,\overline{A_0} \qquad\qquad\quad Y_5 = A_2\overline{A_1}A_0 \\
&Y_6 = A_2A_1\overline{A_0} \qquad\qquad\quad Y_7 = A_2A_1A_0
\end{aligned}
\tag{3.5}
$$

实现上述功能的逻辑图见图 3.13。

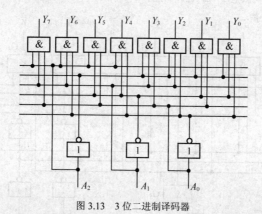

图 3.13　3 位二进制译码器

3 位二进制译码器又叫做 3 线-8 线译码器，因为它有 3 根输入代码线、8 根输出信号线。

（2）74LS138 集成 3 线-8 线译码器

图 3.14 是 74LS138 的管脚排列图。其真值表见表 3.10。

图 3.14　74LS138 管脚排列图

表 3.10   **74LS138 译码器真值表**

输 入			输 出								
ST_A	$\overline{ST_B}$	$\overline{ST_C}$	A_2 A_1 A_0	$\overline{Y_7}$	$\overline{Y_6}$	$\overline{Y_5}$	$\overline{Y_4}$	$\overline{Y_3}$	$\overline{Y_2}$	$\overline{Y_1}$	$\overline{Y_0}$
0	×	×	× × ×	1	1	1	1	1	1	1	1
1	1	×	× × ×	1	1	1	1	1	1	1	1
1	×	1	× × ×	1	1	1	1	1	1	1	1
1	0	0	0 0 0	1	1	1	1	1	1	1	0
1	0	0	0 0 1	1	1	1	1	1	1	0	1
1	0	0	0 1 0	1	1	1	1	1	0	1	1
1	0	0	0 1 1	1	1	1	1	0	1	1	1
1	0	0	1 0 0	1	1	1	0	1	1	1	1
1	0	0	1 0 1	1	1	0	1	1	1	1	1
1	0	0	1 1 0	1	0	1	1	1	1	1	1
1	0	0	1 1 1	0	1	1	1	1	1	1	1

74LS138 译码器是用 TTL 与非门组成的 3 线-8 线译码器,它能译出 3 个输入变量的全部状态。图 3.15 是该译码器的逻辑图。图中译码器设置了 ST_A、$\overline{ST_B}$、$\overline{ST_C}$ 3 个使能输入端,由一个与门组成,ST_A 为高电平有效,$\overline{ST_B}$ 和 $\overline{ST_C}$ 为低电平有效。当 ST_A 为 1 且 $\overline{ST_B}$ 和 $\overline{ST_C}$ 均为 **0** 时,译码器处于工作状态;否则译码器不工作。

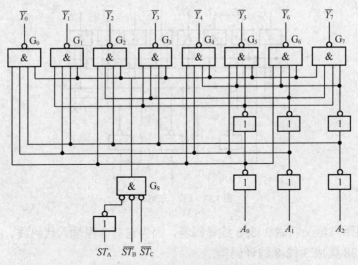

图 3.15   3 线-8 线 74LS138 集成译码器逻辑图

2. 二-十进制译码器

将十进制数的二进制编码即 BCD 码翻译成对应的 10 个输出信号的电路,叫做二-十进制译码器。这种译码器的输入端有 4 个,分别输入四位 BCD 二进制代码的各位,输出端有 10 个。每当输入一组 BCD 码时,10 个输出端中对应于该二进制所表示的十进制数的输出端就输出高或低电平,而其他输出端保持原来的低或高电平。

图 3.16 所示为 74LS42 译码器的功能示意图和管脚图。该译码器是 8421BCD 码译码器。其中 $A_0 \sim A_3$ 为输入端,$Y_0 \sim Y_9$ 为输出端,简称 4 线-10 线译码器。

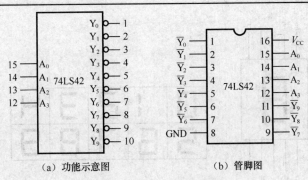

（a）功能示意图　　　　　（b）管脚图

图 3.16　74LS42 二-十进制译码器

表 3.11　　　　　　　　　　　　**74LS42 的真值表**

十进制数	输入				输出									
	A_3	A_2	A_1	A_0	$\overline{Y_0}$	$\overline{Y_1}$	$\overline{Y_2}$	$\overline{Y_3}$	$\overline{Y_4}$	$\overline{Y_5}$	$\overline{Y_6}$	$\overline{Y_7}$	$\overline{Y_8}$	$\overline{Y_9}$
0	0	0	0	0	0	1	1	1	1	1	1	1	1	1
1	0	0	0	1	1	0	1	1	1	1	1	1	1	1
2	0	0	1	0	1	1	0	1	1	1	1	1	1	1
3	0	0	1	1	1	1	1	0	1	1	1	1	1	1
4	0	1	0	0	1	1	1	1	0	1	1	1	1	1
5	0	1	0	1	1	1	1	1	1	0	1	1	1	1
6	0	1	1	0	1	1	1	1	1	1	0	1	1	1
7	0	1	1	1	1	1	1	1	1	1	1	0	1	1
8	1	0	0	0	1	1	1	1	1	1	1	1	0	1
9	1	0	0	1	1	1	1	1	1	1	1	1	1	0
伪码	1	0	1	0	1	1	1	1	1	1	1	1	1	1
	1	0	1	1	1	1	1	1	1	1	1	1	1	1
	1	1	0	0	1	1	1	1	1	1	1	1	1	1
	1	1	0	1	1	1	1	1	1	1	1	1	1	1
	1	1	1	0	1	1	1	1	1	1	1	1	1	1
	1	1	1	1	1	1	1	1	1	1	1	1	1	1

由表 3.11 可知，当输入伪码 1010～1111 时，输出 $\overline{Y_9}$～$\overline{Y_0}$ 都为高电平 1，不会出现低电平 0。因此译码器不会产生错误译码。

3.3.2　显示译码器

显示译码器的功能是将输入的二进制代码译成能用于显示器件的信号，并驱动显示器显示。显示译码器常见的是数字显示电路，它通常由译码器、驱动器和显示器等部分组成。

1. 数码显示器

数码显示器按显示方式可分为分段式、字形重叠式、点阵式。最常用的是半导体显示器和液晶显示器（LCD）。

（1）半导体显示器（LED）

半导体显示器又称为发光二极管显示器。图 3.17（a）所示为半导体发光二极管显示器，它有共阳极和共阴极两种接法。图 3.18（a）所示为发光二极管的共阴极接法，共阴极接法是将各发光二极管的阴极相接，对应极接高电平时亮。共阳极接法如图 3.18（b）所示，是将各发光二极管的阳极相接，对应极接低电平时亮。

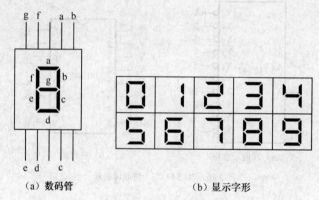

（a）数码管 　　　　　　　　　　（b）显示字形

图 3.17　半导体发光二极管显示器

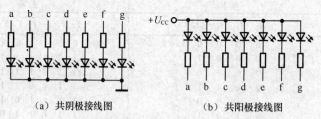

（a）共阴极接线图 　　　　　　　　（b）共阳极接线图

图 3.18　半导体显示器

　　分段式数码管是利用发光段组合来显示不同数码的。因此，为了使数码管能将数码所代表的数显示出来，必须将数码经译码器译出，然后经驱动器点亮对应的段。例如，对于8421 码的 0011 状态，对应的十进制数为 3，则译码驱动器应使 a、b、c、d、g 各段点亮，即对应于某一组数码，译码器应有确定的几个输出端有信号输出，这是分段式数码管电路的显示特点。

　　LED 显示器的特点是清晰悦目、工作电压低（1.5～3V）、体积小、寿命长（>1000h）、响应速度快（1～100ns）、颜色丰富（有红、绿、黄等）、工作可靠。

　　（2）液晶显示器件

　　液晶是一种介于晶体和液体的有机化合物，常温下既有液体的流动性又有晶体光学特性，它的透明度和显示的颜色受外加电场的控制。利用液晶的这一特点，制成了液晶显示器。液晶显示器件本身不会发光，在黑暗中不能显示数字，它依靠在外界电场作用下产生的光电效应，调制外界光线使液晶不同部位显现出反差，从而显出字形。

　　液晶显示器件是一种平板薄型显示器件，其驱动电压很低、功耗极小，与 CMOS 电路结合起来可以组成微功耗系统，使它在小型计算机、电子钟表、各种仪器和仪表中得到广泛应用。

　　2. 七段字形译码器

　　配合各种七段显示器有许多专用的七段译码器，如 74LS47、74LS48 等。

　　这种译码器有 $Y_a \sim Y_g$ 个输出端和 $A_0 \sim A_3$ 4 个输入端。图 3.19 所示为共阴极显示译码器 74LS48 的管脚排列图。

　　74LS48 的功能如下所述。

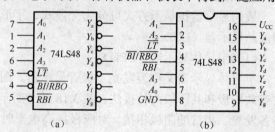

图 3.19　BCD 七段显示译码器 74LS48 的符号和管脚图

（1）译码功能。当将 $\overline{LT}$、$\overline{RBI}$、$\overline{BI}/\overline{RBO}$ 端接高电平，输入十进制数 0～9 的任意一组 8421BCD 码，则输出端 a～g 也会得到一组相应的 7 位二进制代码。如果将这组代码输入到七段显示器，就可以显示出相应的十进制数。

（2）四个附加功能。

① 试灯功能。$\overline{LT}$ 为灯测试输入端，它是为了测试数码管发光段好坏而设置的。给 $\overline{LT}$ 加低电平，即 $\overline{LT}=0$（$\overline{BI}/\overline{RBO}$ 端加高电平）时，数码管七段全亮，以此检查数码管的各段能否正常发光。正常工作时应置 $\overline{LT}$ 为高电平。

② 消隐功能。将低电平加于消隐输入 $\overline{BI}/\overline{RBO}$ 时，不管输入数据为什么状态，所有输出端为低电平，数码管各发光段均熄灭不显示。它是为了降低显示系统的功耗而设置的。在正常显示情况下，$\overline{BI}/\overline{RBO}$ 必须接高电平或开路。

③ 灭零功能。$\overline{RBI}$ 为灭零输入端，其作用是将数码管不希望显示的零熄灭。正常显示情况下，$\overline{RBI}=1$。

④ 灭零输出 $\overline{RBO}$。它作级联控制。当该片输入的 BCD 码为"0"并熄灭相应数码管时，$\overline{RBO}=0$，将其引向另一个译码器的灭零输入 $\overline{RBI}$ 端，允许另一位灭零。反之，若 $\overline{RBO}=1$，则说明本位处于灭零状态，不允许被连接的另一位灭零。表 3.12 所示是 74LS48 译码器的真值表。

表 3.12　　　　　　　　　　　　74LS48 显示译码器的真值表

十进制数或功能	输入			$\overline{BI}/\overline{RBO}$	输出						
	$\overline{LT}$	$\overline{RBI}$	$A_3 A_2 A_1 A_0$		Y_a	Y_b	Y_c	Y_d	Y_e	Y_f	Y_g
0	1	1	0 0 0 0	1	1	1	1	1	1	1	0
1	1	×	0 0 0 1	1	0	1	1	0	0	0	0
2	1	×	0 0 1 0	1	1	1	0	1	1	0	1
3	1	×	0 0 1 1	1	1	1	1	1	0	0	1
4	1	×	0 1 0 0	1	0	1	1	0	0	1	1
5	1	×	0 1 0 1	1	1	0	1	1	0	1	1
6	1	×	0 1 1 0	1	0	0	1	1	1	1	1
7	1	×	0 1 1 1	1	1	1	1	0	0	0	0
8	1	×	1 0 0 0	1	1	1	1	1	1	1	1
9	1	×	1 0 0 1	1	1	1	1	0	0	1	1
10	1	×	1 0 1 0	1	0	0	0	1	1	0	1
11	1	×	1 0 1 1	1	0	0	1	1	0	0	1
12	1	×	1 1 0 0	1	0	1	0	0	0	1	1
13	1	×	1 1 0 1	1	1	0	0	1	0	1	1
14	1	×	1 1 1 0	1	0	0	0	1	1	1	1
15	1	×	1 1 1 1	1	0	0	0	0	0	0	0
消隐	×	×	× × × ×	0	0	0	0	0	0	0	0
动态消隐	0	0	0 0 0 0	0	0	0	0	0	0	0	0
灯测试	1	×	× × × ×	1	1	1	1	1	1	1	1

相应的，作为共阳极显示译码器，74LS47 的管脚排列与 74LS48 完全相同。

图 3.20 所示是共阳极 LED 七段显示器和译码驱动电路的连接实例。由 74LS47 译码器、

1kΩ的双列直插限流电阻排、七段共阳极 LED 显示器组成的。由于 74LS47 是集电极开路输出（OC 门），驱动七段数码管时需要外加限流电阻。其工作过程是：输入的 8421BCD 码经译码器译码后，产生 7 个低电平有效的输出信号，这 7 个输出信号通过限流电阻分别接至七段共阳极显示器对应的 7 个段；当 LED 显示器的 7 个输入端有一个或几个为低电平时，与其对应的字段点亮。

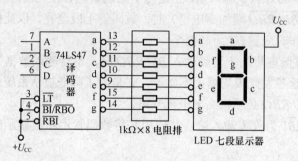

图 3.20 LED 七段显示器译码驱动电路逻辑图

3. 工程应用

在计算机与外部设备打交道时，常用二进制译码器作为地址译码器。将地址信号送到译码器的输入端 $A_0, A_1, \cdots$，译码输出端接相应的地址外设的使能端，则对应地址信号 $A_0, A_1, \cdots$ 的代码，可选中一个地址外设。

3.3.3 数据分配器

数据分配器是将一路输入变为多路输出的电路。数据分配器的功能如同多路开关一样，其示意图如图 3.21 所示。工作原理是由地址码对输出端进行选样，将一路输入数据分配到多路接收设备中的某一路。

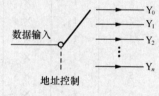

图 3.21 数据分配器的示意图

根据输出的个数不同，数据分配器可分为四路分配器、八路分配器等。图 3.22 所示为 8 路数据分配器的逻辑符号。当地址码 $A_2A_1A_0 = 000$ 时，$Y_0 = D$；当 $A_2A_1A_0 = 001$ 时，$Y_1 = D$；其余类推。

数据分配器实质上是地址译码器与数据 D 的组合，是译码器的特殊应用。图 3.23 所示为 74LS138 译码器作为数据分配器的示意图。

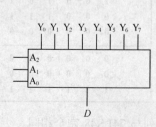

图 3.22 8 路数据分配器的逻辑符号

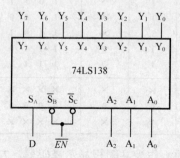

图 3.23 74LS138 译码器用作数据分配器

3.4　数据选择器

在数字系统中，要将多路数据进行远距离传输时，为了减少传输线的数目，往往是多个数据通道共用一条传输总线传送信息。

能够实现从多路数据中选择一路进行传输的电路叫做数据选择器，简称 MUX。它的功能就是按要求从多路输入中选择一路输出。其功能如同图 3.24 所示的单刀多掷开关。

图 3.24　数据选择器示意图

3.4.1　数据选择器的原理

图 3.25 所示是四选一选择器的逻辑图，其中 A_1、A_0 为控制信号，$D_0 \sim D_3$ 为供选择的电路并行输入信号，$\overline{S}$ 为选通端或使能端，低电平有效。当 $\overline{S} = 1$ 时，选择器不工作，禁止数据输入；当 $\overline{S} = 0$ 时，选择器正常工作，允许数据选通。A_1、A_0 也叫做地址控制信号或地址码，因为随着 $A_1 A_0$ 取值不同，与或门中被打开的与门也随之变化，而只有加在打开与门输入端的数据才能传送到输出端。

如图 3.25 中，当 $\overline{S} = 0$，$A_1 A_0 = 00$ 时，$Y = D_0$，故输入数据中的 D_0 被选中，并出现在输出端 Y；而当 $\overline{S} = 0$，$A_1 A_0 = 10$ 时，$Y = D_2$，依次类推。

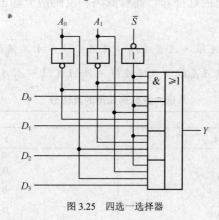

图 3.25　四选一选择器

由图 3.25 可写出四选一数据选择器输出逻辑表达式：

$$Y = (\overline{A_1}\,\overline{A_0} D_0 + \overline{A_1} A_0 D_1 + A_1 \overline{A_0} D_2 + A_1 A_0 D_3) \overline{S} \qquad (3.6)$$

由逻辑表达式可列出功能表如表 3.13 所示。

表 3.13   四选一数据选择器功能表

使能控制	地址输入		输 出
$\overline{S}$	A_1	A_2	Y
1	×	×	0
0	0	0	D_0
0	0	1	D_1
0	1	0	D_2
0	1	1	D_3

3.4.2 集成数据选择器

集成数据选择器产品较多，重要的是要看懂其真值表，理解其逻辑功能。下面以集成八选一数据选择器 74LS151 为例加以介绍。图 3.26 所示为八选一数据选择器 74LS151 的逻辑符号及引脚排列图。

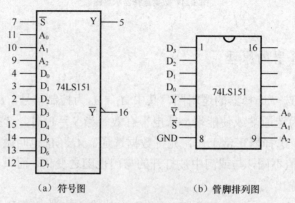

（a）符号图   （b）管脚排列图

图 3.26 八选一数据选择器 74LS151

74LS151 是具有互补输出的选择器，即有原码和反码两个输出端。其真值表见表 3.14。逻辑表达式为：

$$Y = A_2A_1A_0D_7 + A_2A_1\overline{A_0}D_6 + A_2\overline{A_1}A_0D_5 + A_2\overline{A_1}\,\overline{A_0}D_4$$
$$+ \overline{A_2}A_1A_0D_3 + \overline{A_2}A_1\overline{A_0}D_2 + \overline{A_2}\,\overline{A_1}A_0D_1 + \overline{A_2}\,\overline{A_1}\,\overline{A_0}D_0 \tag{3.7}$$

表 3.14   八选一数据选择器的真值表

输 入				输 出	
$\overline{S}$	A_2	A_1	A_0	Y	$\overline{Y}$
1	×	×	×	**0**	**1**
0	0	0	0	D_0	$\overline{D_0}$
0	0	0	1	D_1	$\overline{D_1}$
0	0	1	0	D_2	$\overline{D_2}$
0	0	1	1	D_3	$\overline{D_3}$
0	1	0	0	D_4	$\overline{D_4}$
0	1	0	1	D_5	$\overline{D_5}$
0	1	1	0	D_6	$\overline{D_6}$
0	1	1	1	D_7	$\overline{D_7}$

3.5 数值比较器和加法器

在数字系统中，特别是在计算机和数字仪器仪表中，经常要进行数字量的比较。数字比较器就是对两个位数相同的二进制数进行比较。

3.5.1 数值比较器和加法器工作原理

1. 一位数值比较器

比较两个一位二进制数 A 和 B 的大小，其结果有 $A>B$、$A<B$ 和 $A=B$ 3 种情况。一位数字比较器输入变量是两个比较数 A 和 B，输出 $Y_{A>B}$、$Y_{A<B}$、$Y_{A=B}$ 分别表示 $A>B$、$A<B$ 和 $A=B$ 3 种结果，其真值表如表 3.15 所示。

表 3.15　　　　　　　　　　　一位数值比较器真值表

输　　入		输　　出		
A	B	$Y_{A>B}$	$Y_{A<B}$	$Y_{A=B}$
0	0	0	0	1
0	1	0	1	0
1	0	1	0	0
1	1	0	0	1

由真值表得到输出的逻辑表达式：

$$Y_{A>B} = A\overline{B}$$
$$Y_{A<B} = \overline{A}B \qquad\qquad (3.8)$$
$$Y_{A=B} = AB + \overline{A}\,\overline{B} = \overline{\overline{AB} + \overline{\overline{A}\overline{B}}}$$

一位数字比较器的逻辑图如图 3.27 所示。

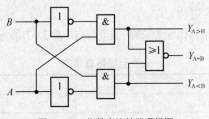

图 3.27　一位数字比较器逻辑图

2. 半加器

半加器是只考虑两个加数本身，而不考虑来自低位进位的逻辑电路。图 3.28 所示为半加器的方框图。

设计一位二进制半加器，输入变量有两个，分别为加数 A_i 和被加数 B_i，输出也有两个，分别为和数 S_i 和进位 C_i。列出真值表如表 3.16 所示。

图 3.28　半加器方框图

从真值表 3.16 可以看出，当 A_i、B_i 两个加数均为 0 时，其和为 0，不会产生进位；当两个加数有一个为 1 时，和为 1，也无进位；当两个加数均为 1 时，产生一个进位，而其和为 0。

表 3.16　　　　　　　　　　　　　半加器真值表

输　入		输　出	
A_i	B_i	S_i	C_i
0	0	0	0
0	1	1	0
1	0	1	0
1	1	0	1

半加器的输出逻辑表达式为：

$$S_i = A_i \overline{B_i} + \overline{A_i} B_i$$
$$C_i = A_i B_i \tag{3.9}$$

半加器是由一个"异或"门和一个"与"门组成的。逻辑符号和逻辑电路图如图 3.29 所示。

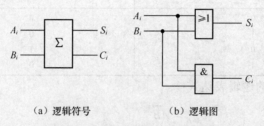

（a）逻辑符号　　　　　　（b）逻辑图

图 3.29　半加器的逻辑符号和逻辑图

3. 全加器

除了两个一位加数外，还考虑低位进位的加法运算称为全加。完成全加功能的电路称为全加器。全加器具有 3 个输入端 A_i、B_i 和 C_{i-1}，两个输出端 S_i 和 C_i。C_{i-1} 是低位向本位的进位，C_i 是本位产生的向高位的进位。

根据加法运算的规则，可列出全加器的真值表如表 3.17 所示。

表 3.17　　　　　　　　　　　　　一位全加器真值表

输　　　入			输　　出	
A_i	B_i	C_{i-1}	S_i	C_i
0	0	0	0	0
0	0	1	1	0
0	1	0	1	0
0	1	1	0	1
1	0	0	1	0
1	0	1	0	1
1	1	0	0	1
1	1	1	1	1

依据真值表写出 S_i、C_i 的逻辑表达式为：

$$S_i = \overline{A_i}\,\overline{B_i}C_{i-1} + \overline{A_i}B_i\overline{C_{i-1}} + A_i\overline{B_i}\,\overline{C_{i-1}} + A_iB_iC_{i-1}$$

$$= A_i \oplus B_i \oplus C_{i-1}$$

$$C_i = \overline{A_i}B_iC_{i-1} + A_i\overline{B_i}C_{i-1} + A_iB_i\overline{C_{i-1}} + A_iB_iC_{i-1}$$ （3.10）

$$= A_iB_i + C_{i-1}(A_i \oplus B_i)$$

全加器的逻辑符号和逻辑图如图 3.30 所示。

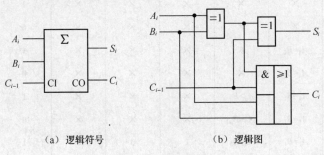

　（a）逻辑符号　　　　　　　　　（b）逻辑图

图 3.30　一位全加器

3.5.2　集成数值比较器和集成算术运算电路

1. 数值比较器

两个多位二进制数进行比较的原则是：两个多位二进制数比较时，应从高位到低位逐位进行比较，高位数相等时，才能进行低位数比较。当比较到某一位数值不等时，其结果便是两个多位二进制数的比较结果。例如，两个四位二进制数 A（$A_3A_2A_1A_0$）和 B（$B_3B_2B_1B_0$）进行比较时，应首先比较 A_3 和 B_3，如果 $A_3>B_3$，不管其他位数码为何值，结果是 $A>B$；若 $A_3<B_3$，不管其他位数码为何值，结果是 $A<B$；若 $A_3=B_3$，这时就必须进行下一位 A_2 和 B_2 比较来判断 A 和 B 的大小了。依次类推得出比较结果。集成数字比较器 74LS85 是四位数字比较器集成芯片，其管脚排列图如图 3.31 所示，A、B 为数据输入端。它有 3 个级联输入端：$a<b$、$a>b$、$a=b$ 端，是为了实现 4 位以上数码的比较，输入低位芯片比较结果而设置的级联输入端，当不需要扩大比较位数时，$a<b$、$a>b$ 接低电平，$a=b$ 接高电平；$Y_{A<B}$、$Y_{A>B}$、$Y_{A=B}$ 为 3 种不同比较结果的输出端。其真值表如表 3.18 所示。

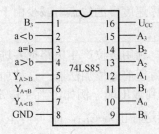

图 3.31　集成数字比较器 74LS85 的引脚图

表 3.18　　　　　　　　　　　**4 位数值比较器 74LS85 的功能表**

比 较 输 入				级 联 输 入			输　　出		
A_3B_3	A_2B_2	A_1B_1	A_0B_0	a>b	a<b	a=b	$Y_{A>B}$	$Y_{A<B}$	$Y_{A=B}$
$A_3>B_3$	×	×	×	×	×	×	1	0	0
$A_3<B_3$	×	×	×	×	×	×	0	1	0
$A_3=B_3$	$A_2>B_2$	×	×	×	×	×	1	0	0
$A_3=B_3$	$A_2<B_2$	×	×	×	×	×	0	1	0
$A_3=B_3$	$A_2=B_2$	$A_1>B_1$	×	×	×	×	1	0	0
$A_3=B_3$	$A_2=B_2$	$A_1<B_1$	×	×	×	×	0	1	0
$A_3=B_3$	$A_2=B_2$	$A_1=B_1$	$A_0>B_0$	×	×	×	1	0	0
$A_3=B_2$	$A_2=B_2$	$A_1=B_1$	$A_0<B_0$	×	×	×	0	1	0
$A_3=B_2$	$A_2=B_2$	$A_1=B_1$	$A_0=B_0$	1	0	0	1	0	0
$A_3=B_2$	$A_2=B_2$	$A_1=B_1$	$A_0=B_0$	0	1	0	0	1	0
$A_3=B_2$	$A_2=B_2$	$A_1=B_1$	$A_0=B_0$	0	0	1	0	0	1

2.　串行进位加法器

两个多位二进制数相加时，因为每一位都是带进位的加法，所以必须采用全加器。可采用串行进位方式完成。四位串行加法器逻辑图如图 3.32 所示。这种进位加法器是依次将低位的进位输出接到高位的进位输入而构成的，只有在低位的进位产生并送到高位后才能在高位产生相加的结果。全加器的个数等于加数的位数。这种加法器电路简单，但运算速度慢。

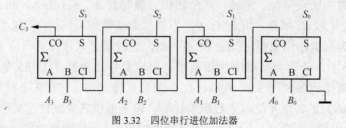

图 3.32　四位串行进位加法器

3.　超前进位加法器

为了克服串行进位加法器运算速度慢的缺点，减少由于进位信号逐级进位传递带来的延迟时间，产生了超前进位加法器。

全加器在做加法运算的同时，利用进位产生电路把各进位数也加出来，从而提高了电路运算速度。具有此功能的电路称为超前进位加法器。这种加法器的主要设计思想是设法将低位进位输入信号 C_i 经判断直接送到输出端，例如，当 $A_i \oplus B_i = 1$ 且 $C_i = 1$ 时，可将 C_i 直接送输出端作 C_{i+1}；$A_i \cdot B_i = 1$ 也可直接送输出端 C_{i+1}，即

$$C_{i+1} = A_iB_i + (A_i \oplus B_i)C_i \tag{3.11}$$

由式（3.11）可以看出用两级门电路就可以产生 C_{i+1}，而不必经过前两级全加器。这就大大缩短了传输延迟时间。

3.6   组合逻辑电路中的竞争-冒险现象

3.6.1   竞争-冒险现象及其产生原因

竞争现象是由组成组合逻辑电路的各种门存在传输延迟时间引起的。在前面讨论组合逻辑电路的逻辑关系时，都只是考虑电路在稳态下的工作情况，没有考虑信号转换瞬间电路传递信号传输延迟时间的影响，然而有些电路由于传输延迟时间的影响往往在瞬间变化时发生违反常规逻辑的干扰输出，甚至会造成系统中某些环节误动作的结果。如图 3.33 所示电路，变量 A 有两条路径，一条通过 G_1、G_2 两个门到达 G_4 门输入端，另一条只通过 G_3 一个门到达 G_4 门输入端。两条路径上门的级数不同，传输延迟时间也不同，到达终点的时间就有先有后，这一现象称为竞争。由于竞争在电路输出端可能产生尖脉冲，使真值表所描述的逻辑关系受到短暂的破坏，在输出端产生错误结果，这种现象被称为冒险。尖脉冲对有的系统（如时序系统的触发器）是危险的。

3.6.2   冒险现象的判别

根据出现的尖脉冲的极性，冒险可分为偏 "1" 冒险和偏 "0" 冒险。

1. 偏 "1" 冒险（输出负脉冲）

在图 3.33 中，$Y = \overline{\overline{AB} \cdot \overline{AC}} = \overline{AB} + \overline{AC}$。若输入变量 $B = C = 1$，则有 $Y = A + \overline{A}$。在稳态情况下，不论 A 取何值，Y 恒为 1，但是 A 变化时，由于各条路径的延迟时间不同，将会出现竞争-冒险现象。当 A 由高电平突变为低电平时，输出产生一个偏 "1" 的负脉冲（毛刺），宽度为 t_{pd}，如图 3.33 所示（图中未画出 $G_2 \sim G_4$ 的延时）。A 的变化不一定都产生冒险。如果 A 由低电平变到高电平时就无冒险产生。

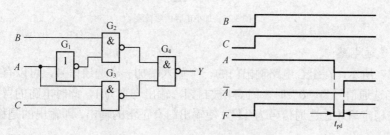

图 3.33   偏 1 冒险示意图，偏 1 冒险波形图

2. 偏 "0" 冒险（输出正脉冲）

图 3.35 中，$Y = (\overline{A} + B)(A + C)$，在 $B = C = 0$ 时，则有 $Y = \overline{A}A$，Y 恒为 0。当变量 A 由低电平变为高电平时产生一宽度为 t_{pd} 的正脉冲，如图 3.35 所示。

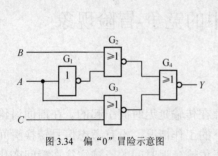

图 3.34　偏 "0" 冒险示意图

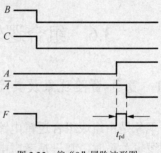

图 3.35　偏 "0" 冒险波形图

由以上分析可知,在组合逻辑电路中,当一个门电路输入两个同时向反方向变化的互补信号时,输出端可能产生不应有的尖峰干扰脉冲,这是产生竞争冒险的主要原因。

3.6.3　消除冒险现象的方法

1. 修改逻辑设计,增加乘积项

如在 $Y = A\overline{B} + BC$ 中,当 $A=1$、$C=1$ 时,$Y = B + \overline{B}$,此时若直接连成逻辑电路,将产生偏 "1" 冒险。增加乘积项 AC,变换为 $Y = A\overline{B} + BC + AC$,则当 $A=C=1$ 时,Y 恒为 1,因而可以消除冒险。

2. 利用滤波电容电路

如图 3.36 所示,在输出端接上一小电容可以减弱尖脉冲的影响。因为尖脉冲一般很窄,在数毫微秒数量级,所以小电容(几百 pF)可以大大减弱尖脉冲的幅度,使之减小到门电路的阈值电压以下。

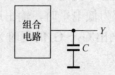

图 3.36　加小电容消除冒险

3. 增加选通电路

如图 3.37 所示,在组合电路输出门的一个输入端加一个选通信号,可以有效地消除任何冒险现象。当选通信号为 "0" 时,门 G4 被封锁,输出一直为 1,此时电路的冒险反映不到输出端。待电路稳定后才让选通信号为 "1",使输出门有正常的输出,即输出的是稳定状态的值。

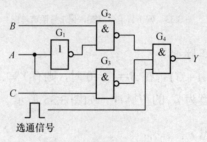

选通信号

图 3.37　用选通法消除冒险

第二部分　工作任务

3.7　组合电路的逻辑功能测试

3.7.1　编码器和译码器的 Multisim10.0 仿真

1. 实训目的

（1）构建编码器、3 线—8 线译码器、显示译码器仿真电路

（2）分析 8 线—3 线优先编码器 74LS148、3 线—8 线译码器 74LS138、7 段显示译码器 74LS48 的逻辑功能

（3）进一步熟悉和掌握 Multisim 10.0 电路仿真技能

（4）掌握组合逻辑电路的电路仿真

2. 实训原理

（1）编码器的功能是将输入的每一个信号编成一个对应的二进制代码。优先编码器的特点是允许编码器同时输入两个以上编码信号，但只对优先级别最高的信号进行编码。

8 线—3 线优先编码器 74LS148 有 8 个信号输入端，输入端为低电平时表示请求编码，为高电平时表示没有请求编码；有 3 个编码输出端，输出 3 位二进制代码；编码器有一个使能端 EI，当其为低电平时，编码器才能正常工作；有两个输出端 GS 和 E0，用于扩展编码功能，GS 为 0 表示编码器处于工作状态，且至少有一个信号请求编码；E0 为 0 表示编码器处于工作状态，但没有信号请求编码。

（2）译码是编码的逆过程。译码器是将输入的二进制代码翻译成输出端的高、低电平信号。3 线—8 线译码器 74LS138 有 3 个代码输入端和 8 个信号输出端。此外还有 G1、G2A、G2B 使能控制端，只有当 G1=1、G2A=0、G2B=0 时，译码器才能正常工作。

（3）7 段 LED 数码管工作原理是将要显示的十进制分成 7 段，每段为一个发光二极管，利用不同发光段的组合来显示不同的数字。74LS48 是显示译码器，可驱动共阴极的 7 段 LED 数码管。

3. 实训步骤

（1）编码器（25 分）

① 构建 8 线—3 线优先编码器仿真电路，如图 3.38 所示。输入信号通过单刀双掷开关接优先编码器的输入端，开关通过键盘上的 0～7 键控制高电平（Vcc）或低电平（地）。使能端通过 Space 键控制高电平或低电平。输出端接逻辑探测器的检测输出。

② 打开仿真开关，分别控制各个开关状态，观察探测器的变化，并将实验数据填入表 3.19 中。

（2）译码器（25 分）

① 构建 3 线—8 线译码器仿真电路，如图 3.39 所示。

② 打开仿真开关，分别控制各个开关状态，观察探测器的变化，并将数据记录于表 3.20 中。

（3）译码显示（30 分）

① 构建译码显示仿真电路，如图 3.40 所示。

② 打开仿真开关，按 G 键控制 BI/RBO 接高电平或低电平，观察输出信号和数码管的显示；当 BI/RBO 接高电平时按 C 键使 LT 接低电平，观察输出信号和数码管的显示。

③ LT、RBI、BI/RBO 都接高电平时，分别控制 A～D 开关状态，观察输出信号与输入代码的对应关系，并记录于表 3.20 中。

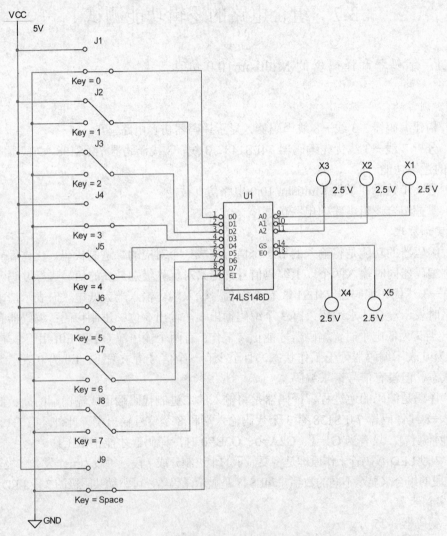

图 3.38 8 线—3 线优先编码器仿真电路

表 3.19　　　　　　　　　　　　优先编码器 **74LS148** 功能表

输 入									输 出				
EI	D0	D1	D2	D3	D4	D5	D6	D7	A2	A1	A0	GS	E0
1	×	×	×	×	×	×	×	×					
0	×	×	×	×	×	×	×	0					
0	×	×	×	×	×	×	0	1					

输　入								输　出				
EI	D0	D1	D2	D3	D4	D5	D6	D7	A2	A1	A0	GS	E0
0	×	×	×	×	×	0	1	1					
0	×	×	×	×	0	1	1	1					
0	×	×	×	0	1	1	1	1					
0	×	×	0	1	1	1	1	1					
0	×	0	1	1	1	1	1	1					
0	0	1	1	1	1	1	1	1					
0	1	1	1	1	1	1	1	1					

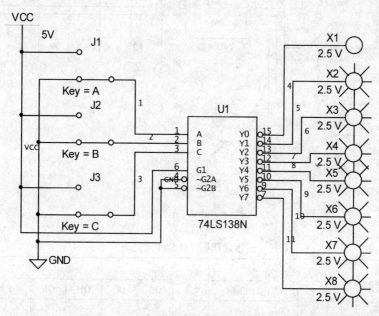

图 3.39　3 线—8 线译码器仿真电路

表 3.20　　　　　　　　　　　**3 线—8 线译码器 74LS138 功能表**

输　入			输　出							
C	B	A	Y_0	Y_1	Y_2	Y_3	Y_4	Y_5	Y_6	Y_7
0	0	0								
0	0	1								
0	1	0								
0	1	1								
1	0	0								
1	0	1								
1	1	0								
1	1	1								

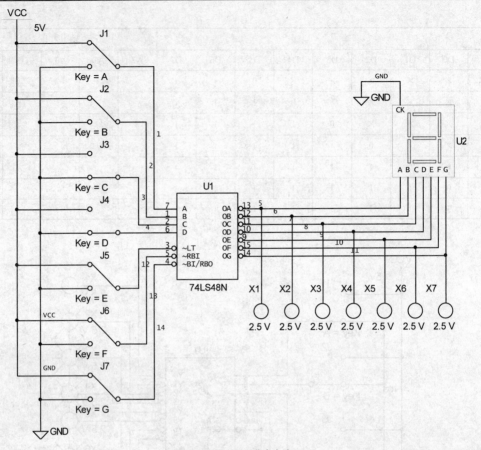

图 3.40 译码显示仿真电路

表 3.21   **显示译码器 74LS48 功能表**

输　　入							输　　出							显示
LT	RBI	D	C	B	A	BI/RBO	OA	OB	OC	OD	OE	OF	OG	
×	×	×	×	×	×	0								
0	×	×	×	×	×	1								
1	0	0	0	0	0	0								
1	1	0	0	0	0	1								
1	1	0	0	0	1	1								
1	1	0	0	1	0	1								
1	1	0	0	1	1	1								
1	1	0	1	0	0	1								
1	1	0	1	0	1	1								
1	1	0	1	1	0	1								
1	1	0	1	1	1	1								
1	1	1	0	0	0	1								
1	1	1	0	0	1	1								

4. 思考题（20分）

1. 由两片 74LS138 构成 16 位跑马灯电路。

2. 对 10 线-4 线优先编码器 74LS147 进行仿真，测试其功能；对共阳极数码管译码驱动芯片 74LS47 进行仿真测试，并比较其与 74LS48 的不同。

5. 成绩评定

小题分值	编码 25	译码 25	译码显示 30	思考题 20	总分
小题得分					

3.7.2　编码器和译码器的功能测试

1. 实训目的

（1）进一步熟悉编码器、译码器的工作原理。

（2）掌握 8-3 线优先编码器 74LS148、3-8 译码器的逻辑功能和典型应用。

（3）熟悉共阴、共阳数码管的使用及驱动方法。

（4）掌握 7 段译码驱动芯片 74LS47、74LS48、74LS248、CD4511 的逻辑功能和典型应用。

2. 实训主要仪器设备

（1）数字电子实验装置　　　一套

（2）数字逻辑电路试验箱扩展板

（3）集成电路 74LS148、74LS138、74LS20、74LS47、74LS48、74LS248、CD4511 各 1 片

（4）数字万用表

（5）其他相关设备与导线

3. 实训原理

（1）优先编码器 74LS148，译码器 74LS138，共阴极译码驱动电路 74LS48 参见 3.7.1 小节的相关内容。

（2）74LS47 共阳极译码驱动电路

它的引脚排列与 74LS48 的引脚排列相同，两者的功能也相似。使用时要注意：74LS47 用来驱动共阳极显示器，74LS48 用来驱动共阴极显示器；74LS48，内部有升压电阻，使用时可以直接与显示器相连，而 74LS47 为集电极开路输出，使用时要外接电阻。

（3）74LS248 共阴极译码驱动电路

74LS248 的使用方法与 74LS48 的使用方法相同，两者功能也相同，但两者有一点差别，即在显示 6 和 9 这两个数上。

（4）CD4511 共阴极译码驱动电路

它的使用方法、功能和显示效果与 74LS48 基本一样，二者的区别在于 CD4511 的输入码超过 1001（即大于 9）时，它的输出全为"0"，数码管熄灭，而且，使用 CD4511 时，输出端与数码管之间要串入限流电阻。

4. 实训步骤

（1）8-3 线优先编码器 74LS148

8-3 线优先编码器 74LS148 芯片设有 8 个数据输入端 0～7，1 个使能输入端 E1。3 个数据输出端 A2、A1、A0，2 个使能输出端 GS、E0。编码优先级别顺序依次是 7、6、5、4、3、2、1、0。

当 E1＝"1"时，GS＝E0＝"1"无编码输入。

当 E1＝"0"时，数据输入端 0～7 全为高电平输入时，GS＝"1"、E0＝"0"无编码输入。

当 E1＝"0"时，数据输入端 0～7 有数据输入（低电平），GS＝"0"、E0＝"1"有编码输入。

在合适的位置选取一个 16PIN 插座，按定位标记插好 74LS148 集成块。接好电源和地，8 个输入端 I_0～I_7 接拨位开关（逻辑电平输入），输出端接发光二极管进行显示（逻辑电平显示），其他引脚的接法依据真值表并参见相关资料。接通电源后按照其逻辑功能表输入不同的二进制代码，观察输出情况，并将数据记录于表 3.22 中。

表 3.22　　　　　　　　　　　优先编码器 74LS148 功能表

逻辑输入	数据输入								数据输出			逻辑输出	
E1	0	1	2	3	4	5	6	7	A2	A1	A0	GS	E0
1	×	×	×	×	×	×	×	×	1	1	1	1	1
0	1	1	1	1	1	1	1	1					
0	×	×	×	×	×	×	×	0					
0	×	×	×	×	×	×	0	1					
0	×	×	×	×	×	0	1	1					
0	×	×	×	×	0	1	1	1					
0	×	×	×	0	1	1	1	1					
0	×	×	0	1	1	1	1	1					
0	×	0	1	1	1	1	1	1					
0	0	1	1	1	1	1	1	1					

1=高电平；0=低电平；×=任意

（2）74LS138 译码器

① 在合适的位置选取一个 16PIN 插座，按定位标记插好 74LS138 集成块。接好电源和地，将 74LS138 3 个输入端 A、B、C 接拨位开关，输出端 Y_0～Y_7 分别接到 8 个发光二极管上，逐次拨动对应的拨位开关。根据发光管显示的变化，测试 74LS138 的功能，并将数据记录于表 3.23 中。

表 3.23　　　　　　　　　　　译码器 74LS138 功能表

使 能 输 入			逻 辑 输 入			输　　出							
OE1	$\overline{OE2A}$	$\overline{OE2B}$	C	B	A	Y0	Y1	Y2	Y3	Y4	Y5	Y6	Y7
×	1	×	×	×	×								
×	×	1	×	×	×								
0	×	×	×	×	×								

使 能 输 入			逻 辑 输 入			输　　　出							
OE1	$\overline{OE2A}$	$\overline{OE2B}$	C	B	A	Y0	Y1	Y2	Y3	Y4	Y5	Y6	Y7
1	0	0	0	0	0								
1	0	0	0	0	1								
1	0	0	0	1	0								
1	0	0	0	1	1								
1	0	0	1	0	0								
1	0	0	1	0	1								
1	0	0	1	1	0								
1	0	0	1	1	1								

1＝高电平；0＝低电平；×＝任意

② 利用 74LS138 实现 $F = \overline{X}\,\overline{Y}\,\overline{Z} + \overline{X}\,Y\,\overline{Z} + X\,\overline{Y}\,\overline{Z} + XYZ$ 的逻辑函数。画出电路图，并验证电路的功能是否与逻辑函数相一致。（提示：三个输入端接拨位开关，输出 F 接发光二极管）

（3）74LS48 共阴极译码驱动电路

① 在实验装置合适的位置选取一个 16PIN 插座，按定位标记插好集成块。接好电源和地，4 个输入端 A、B、C、D 为 BCD 码输入端，接拨位开关，输出端接共阴数码管的对应段码，注意共阴数码管的第 3 脚和第 8 脚接地。观察 BCD 码输入与数码管的显示情况。

② 分别换上 74LS47、74LS248、CD4511（注意：要改变连线）。观察它们的功能，比较其异同点。

5. 成绩评定

小题分值	（1）74LS148 30 分	（2）74LS138 ① 20 分	（2）74LS138 ② 20 分	（3） 74LS48 ① 20 分	（3） 74LS48 ② 10 分	总分
小题得分						

3.8　组合电路的应用设计

3.8.1　16 路跑马灯电路的 Multisim10.0 仿真

1. 实训目的

（1）进一步熟悉译码器 74LS138 的应用

（2）了解跑马灯电路的工作原理

（3）进一步熟悉 Multisim10.0 的使用方法

2. 实训原理

循环灯电路由振荡器、二进制同步计数器 74LS163（上升沿有效）、4/16 线译码器 74LS154 或两片 74LS138 和 16 个发光二极管组成。当控制端电平有效时，16 个发光二极管依次循环显示，若给 74LS138 输出端加上驱动电路，则可驱动显示彩灯、霓虹灯等。

3. 实训步骤

（1）根据实验原理中分析的办法，画出逻辑电路图。（50 分）

（2）选择合适的时钟频率为计数器提供时钟信号。（10 分）

（3）根据设计的跑马灯电路，构建仿真电路图，并进行跑马灯电路仿真。（40 分）

4. 实训参考电路

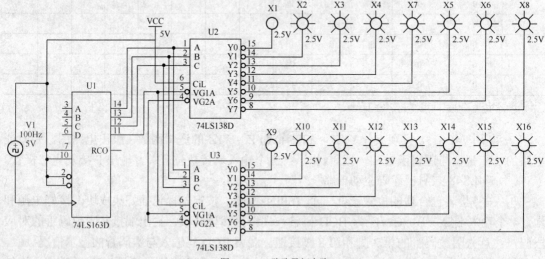

图 3.41　16 路跑马灯电路

5. 成绩评定

小题分值	（1）50 分	（2）10 分	（3）40 分	总分
小题得分				

3.8.2　16 路跑马灯电路的制作

1. 实训目的

（1）熟悉和掌握集成组合电路的使用方法

（2）进一步了解译码器 74LS138 的逻辑功能、引脚排列及使用方法

（3）学会用 74LS138 译码器组成 16 路的译码输出电路

（4）了解元器件市场，增强咨询能力

2. 实训主要仪器设备

（1）+5V 直流电源

（2）数字电子实验装置　　　一套

（3）集成电路、元器件（依据实训要求自行确定）　　若干

（4）其他相关设备与导线

3. 实训原理

见 3.3.1 小节相关内容。

4. 实训步骤

（1）利用给定实训材料，按照技能训练 3.8.1 构建并已仿真、调试成功的 16 路跑马灯连接电路，注意芯片的电源和地的位置。

（2）调试电路，完成跑马灯功能。

（3）比较并分析实训结果与已经完成的仿真结果的异同。

5. 实训报告

（1）画出 16 路跑马灯的实训电路图。（40 分）

（2）依据实际 16 路跑马灯电路，列出元器件明细表。（25 分）

名　　　称	型　　　号	数　　　量	价　　　格	备　　　注

注：价格栏，需学生到市场咨询调查后确定。

（3）整理 16 路跑马灯工作原理并进行描述。（25 分）

（4）此 16 路跑马灯的功能，可否用其他电路芯片实现？画出电路图。（10 分）

6. 成绩评定

小题分值	（1）40 分	（2）25 分	（3）25 分	（4）10 分	总分
小题得分					

第三部分　总结与考核

知 识 小 结

1. 组合逻辑电路在逻辑功能上的特点是，任何时刻的输出仅取决于该时刻的输入，而与电路原来的状态无关；在电路结构上的特点是，由门电路组成，无存储（记忆）单元。

2. 组合逻辑电路的一般分析步骤如下。

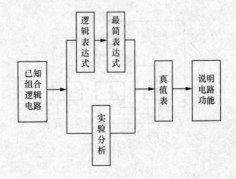

3. 组合逻辑电路设计的步骤如下。

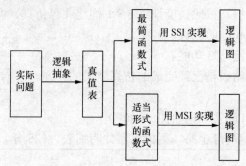

4. 本章重点介绍了组合逻辑电路常用的集成电路,包括编码器、译码器、数字比较器、全加器、数据选择器、数据分配器等。分别介绍了它们的逻辑功能、集成电路及应用。这些集成部件是标准化中规模集成器件,使用这些器件可以方便地设计组合逻辑电路。

应用中规模集成组合逻辑器件(MSI)进行组合逻辑电路的设计时有以下特点:①对逻辑函数式的变换与化简的目的是使其尽可能与给定的组合逻辑器件的形式一致;②设计时应考虑合理充分应用组合器件的功能,同类的组合电路器件有不同的型号,应尽量选用比较简单的器件;③如果一个组合器件的部分功能就可以满足要求时,需要对输入、输出信号做适当的处理,如果一个组合器件不能满足设计要求,就需要对组合器件进行扩展。多数中规模集成电路上都设计了附加的控制功能,利用这些控制端可以直接将若干个器件组合,由适当的逻辑门也可将这些器件组合起来。

5. 竞争-冒险是组合逻辑电路工作状转换过程中经常会出现的一种现象。在负载对尖脉冲敏感时,必须采取措施,防止由竞争-冒险产生尖脉冲。

自我检验题

1. 什么叫组合逻辑电路?其特点是什么?
2. 简述组合逻辑电路的一般分析方法和步骤。
3. 简述组合逻辑电路一般的设计步骤。
4. 什么是编码?编码器的主要功能是什么?
5. 译码的含义是什么?什么叫译码器?编码器和译码器有何不同?
6. 写出题 6 图所示电路的最简逻辑与或表达式。

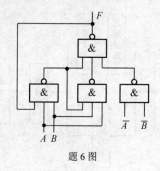

题 6 图

7. 试分析题 7 图各电路的逻辑功能。

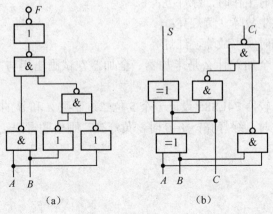

（a）　　　　　　　　（b）

题 7 图

8. 分析题 8 图所示的组合逻辑电路，并画出其简化逻辑电路图。

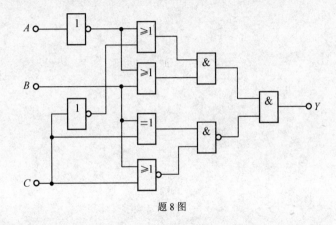

题 8 图

9. 分析题 9 图所示的逻辑电路功能，并回答如下问题：

（1）指出在哪些输入取值下，输出 Y 的值为 1。

（2）用异或门实现该电路的逻辑功能。

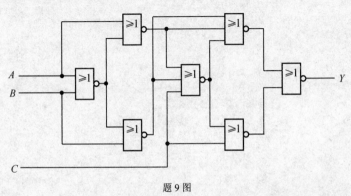

题 9 图

10. 设计一个故障指示电路，要求如下：

（1）两台电动机同时工作时，绿灯亮；

（2）一台电动机发生故障，黄灯亮；

（3）两台电动机同时发生故障，红灯亮。

11. 什么是半加、全加？什么是半加器、全加器？试画出用与非门组成的半加器和全加器。

12. 用一片数字比较器 74LS85 设计一个 5 位二进制数 A 和 B 的比较器，用 LED 指示，$A>B$ 时，红灯亮；$A<B$ 时，绿灯亮；$A=B$ 时，黄灯亮，画出逻辑图。

项目四　智力抢答器的设计与制作

第一部分　相关知识

在数字系统中，除了广泛使用门电路完成一定的逻辑功能外，还常常需要记忆和存储这些二进制数码的部件，例如本章的设计项目——智力抢答器，就需要将最终选手的抢答信息存储并显示出来，直到主持人按下清零按键。触发器就是可以存储二进制信息的双稳态电路，它是组成时序逻辑电路的基本单元。

组合电路的特征是在任何时刻，电路的输出只取决于当时的输入，而与电路原先的状态无关。时序电路的特征是电路的输出不仅和当前输入有关，而且还和电路原先的状态有关。本章将要学习的触发器是构成时序电路的基础。

根据电路结构的不同，触发器可分为基本 RS 触发器、同步 RS 触发器、主从型 JK 触发器、维持阻塞型 D 触发器、T 和 T'触发器等。

4.1　基本 RS 触发器

4.1.1　基本 RS 触发器的结构组成

基本 RS 触发器，是构成各种功能触发器的基本单元，它可以用两个与非门或两个或非门交叉耦合构成。由两个与非门构成的 RS 触发器如图 4.1 所示。

在图 4.1 中，$\overline{R_D}$、$\overline{S_D}$ 为触发器的两个输入端（或称激励端）。触发器有两个互补输出端 Q 和 $\overline{Q}$，一般用 Q 端的逻辑值来表示触发器的状态。当 $Q=0$，$\overline{Q}=1$ 时，称触发器处于 0 状态；反之，当 $Q=1$，$\overline{Q}=0$ 时，称触发器处于 1 状态。

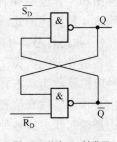

图 4.1　基本 RS 触发器

4.1.2　基本 RS 触发器结构原理

当输入信号发生变化时，触发器可以从一个稳定状态转换到另一个稳定状态。我们把输入信号作用前的触发器状态称为现在状态（简称现态），用 Q^n 和 $\overline{Q^n}$ 表示；把在输入信号作用下触发器被触发后所进入的状态称为下一状态(简称次态)，用 Q^{n+1} 和 $\overline{Q^{n+1}}$ 表示。因此，根据图 4.1 电路中的与非逻辑关系，对触发器的功能描述如下。

（1）当 $\overline{R_D}$ =0，$\overline{S_D}$ =1 时，不论触发器原来处于什么状态，其次态一定为 0，即 Q^{n+1}=0，称触发器处于置 0（复位）状态。

（2）当 $\overline{R_D}$ =1，$\overline{S_D}$ =0 时，不论触发器原来处于什么状态，其次态一定为 1，即 Q^{n+1}=1，称触发器处于置 1（置位）状态。

（3）当 $\overline{R_D}$ =1，$\overline{S_D}$ =1 时，触发器状态不变，即 $Q^{n+1}=Q^n$，称触发器处于保持（记忆）状态。

（4）当 $\overline{R_D}$ =0，$\overline{S_D}$ =0 时，两个与非门的输出均为 1，即 $Q^{n+1} = \overline{Q^{n+1}}$，此时破坏了触发器正常工作时的互补输出关系，从而导致触发器失效。因此，从电路正常工作的角度来考虑，这种情况是不允许出现的，也常将这种输入下的电路输出状态称为"不定"状态。

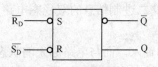

图 4.2　基本 RS 触发器逻辑符号

综上所述，基本 RS 触发器具有置 0、置 1 和保持的逻辑功能，通常称 $\overline{S_D}$ 为置 1 端或置位（SET）端；称 $\overline{R_D}$ 为置 0 端或复位（RESET）端。因此，基本 RS 触发器又称为置位-复位触发器，其逻辑符号如图 4.2 所示。因为它是以 $\overline{R_D}$ 和 $\overline{S_D}$ 为低电平时被置 0 和置 1 的，所以称 $\overline{R_D}$ 和 $\overline{S_D}$ 低电平有效或负脉冲有效，逻辑符号中体现在 $\overline{R_D}$ 和 $\overline{S_D}$ 输入端加有小圆圈。

由基本 RS 触发器的工作原理分析可知，由于其输入信号是直接加在输出门上的，所以输入信号在电平触发的全部作用时间里，都能直接改变输出端 Q 的状态。这就是基本 RS 触发器的动作特点。

4.1.3　基本 RS 触发器的逻辑功能描述

触发器的逻辑功能通常可以用状态转移真值表（状态表）、特性方程（状态方程）、状态转移图和工作波形 4 种形式来描述，它们之间可以相互转换。下面以基本 RS 触发器为例来说明这 4 种描述形式。

1．状态转移真值表

将触发器的次态 Q^{n+1}、现态 Q^n 以及输入信号之间的逻辑关系用表格的形式表示出来，这种表格就称为状态转移真值表，简称状态表。根据以上对基本 RS 触发器的功能描述，可得出其状态转移真值表如表 4.1 所示。可以看出，状态表在形式上与组合电路的真值表相似，左边是输入状态的各种组合，右边是相应的输出状态。不同的是，触发器的次态 Q^{n+1} 不仅与输入信号有关，还与它的现态 Q^n 有关，这正体现出时序电路的特性。

表 4.1　　　　　　　　　　　　**基本 RS 触发器的状态转移真值表**

$\overline{R_D}$	$\overline{S_D}$	Q^n	Q^{n+1}
0	1	0	0
0	1	1	0

$\overline{R_D}$	$\overline{S_D}$	Q^n	Q^{n+1}
1	0	0	1
1	0	1	1
1	1	0	0
1	1	1	1
0	0	0	不允许
0	0	1	

2. 特性方程（状态方程）

触发器逻辑功能还可以用逻辑函数表达式来描述。描述触发器逻辑功能的函数表达式称为特性方程，简称状态方程。基本 RS 触发器的特性方程为：

$$\begin{cases} Q^{n+1} = S_D + \overline{R_D}\,Q^n \\ \overline{S_D} + \overline{R_D} = 1 \end{cases}$$

其中，$\overline{S_D} + \overline{R_D} = 1$ 是使用该触发器的约束条件，即正常使用时应避免 $\overline{R_D}$ 和 $\overline{S_D}$ 同时为 0。

3. 状态转移图

描述触发器的逻辑功能还可以采用图形的方式，即状态转移图。图 4.3 所示为基本 RS 触发器的状态转移图，它可由状态表得出。图 4.3 中的两个圆圈表示触发器的两个稳定状态；圈内的数值 0 或 1 表示状态的取值；箭头表示在输入信号作用下状态转移的方向；箭头旁的标注表示状态转移时的条件，即输入信号。

由图 4.3 可见，如果触发器现态 Q^n=0，则触发器在输入 $\overline{R_D}$=1、$\overline{S_D}$=0 的条件下，转至次态 Q^{n+1}=1；若输入为 $\overline{S_D}$=1、$\overline{R_D}$=0 或 1，则触发器维持在 0 状态。如果触发器现态 Q^n=1，则在输入为 $\overline{R_D}$=0、$\overline{S_D}$=1 的条件下，触发器转至次态 Q^{n+1}=0；若输入为 $\overline{R_D}$=1、$\overline{S_D}$=0 或 1，则触发器维持在 1 状态。这与状态转移真值表所描述的功能是相吻合的。

状态图可直观反映触发器状态转换条件与状态转换结果之间的关系，是时序逻辑电路分析中的重要工具之一。

4. 工作波形

工作波形图又称时序图，它反映了触发器的输出状态随时间和输入信号变化的规律，是实验中可观察到的波形。

图 4.4 为基本 RS 触发器的工作波形。其中，虚线部分表示状态不确定。触发器的工作波形直观地反映了其逻辑功能。

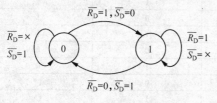

图 4.3　基本 RS 触发器的状态转移图

图 4.4　基本 RS 触发器的工作波形

4.2　同步触发器

在数字系统中，为协调各部分的动作，常常需要某些触发器于同一时刻动作。为此，必须引入同步信号，使这些触发器只有在同步信号到达时才按输入信号改变状态。通常把这个同步信号叫做时钟脉冲，或时钟信号，用 CP（Clock Pulse）表示。同步触发器也称作钟控触发器。

4.2.1　同步 RS 触发器

1. 电路结构与工作原理

实现时钟控制的最简单方式是采用图 4.5 所示的同步 RS 触发器。该电路由两部分组成：由与非门 G_1、G_2 组成的基本 RS 触发器和由与非门 G_3、G_4 组成的输入控制电路。

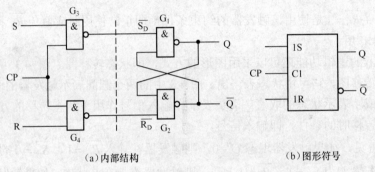

(a)内部结构　　　　　　　　　　　　　(b)图形符号

图 4.5　同步 RS 触发器

当 $CP=0$ 时，门 G_3、G_4 截止，输入信号 S、R 不会影响输出端的状态，故触发器保持原状态不变。

当 $CP=1$ 时，S、R 信号通过门 G_3、G_4 反相后加到由 G_1 和 G_2 组成的基本 RS 触发器上，使 Q 和 $\overline{Q}$ 的状态跟随输入状态的变化而改变。其状态转移真值表如表 4.2 所示。

表 4.2　　　　　　　　　　　　　同步 RS 触发器的状态转移真值表

CP	S	R	Q^n	Q^{n+1}
0	×	×	0	0
0	×	×	1	1
1	0	0	0	0
1	0	0	1	1
1	1	0	0	1
1	1	0	1	1
1	0	1	0	0
1	0	1	1	0
1	1	1	0	1*
1	1	1	1	1*

*CP 回到低电平后状态不定

从上表可见，只有 $CP=1$ 时触发器输出端的状态才受输入信号的控制，而且在 $CP=0$ 时其输出保持不变，输入信号要遵守 $SR=0$ 的约束条件。

在使用同步 RS 触发器的过程中，常常需要在 CP 信号到来之前将触发器预先置成指定的状态，为此在实用的同步 RS 触发器电路上往往还设置有专门的异步置位输入端和异步复位输入端，如图 4.6 所示。

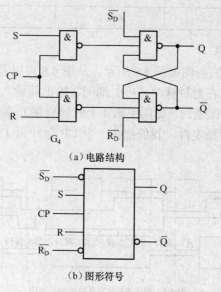

（a）电路结构

（b）图形符号

图 4.6 带异步置位、复位端的同步 RS 触发器

只要在 $\overline{R_D}$ 和 $\overline{S_D}$ 加入低电平，即可立即将触发器置 0 或置 1，而不受时钟信号和输入信号的控制。因此，将 $\overline{S_D}$ 称为异步置位（置 1）端，将 $\overline{R_D}$ 称为异步复位（置 0）端。触发器在时钟信号控制下，正常工作时应使 $\overline{R_D}$ 和 $\overline{S_D}$ 处于高电平。

2. 特性方程

同步 RS 触发器的特性方程为：

$$\begin{cases} Q^{n+1} = S + \overline{R}Q^n \\ SR = 0 \end{cases} \quad (CP=1)$$

其中 $SR=0$ 为约束条件。

3. 状态转移图

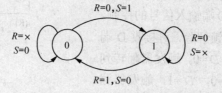

图 4.7 同步 RS 触发器的状态转移图

4. 功能真值表

对表 4.2 进行整理，得同步 RS 触发器的功能真值表如表 4.3 所示。

表 4.3 同步 RS 触发器的功能真值表

S	R	Q^n	Q^{n+1}	功能
0	0	0 或 1	0 或 1	保持
0	1	0 或 1	0	置 0
1	0	0 或 1	1	置 1
1	1	0 或 1	不定	禁止

5. 工作波形及空翻现象

同步 RS 触发器的时序波形图如图 4.8 所示。从图 4.8 可以看出，由于同步 RS 触发器采用的是电平触发方式，因此在时钟脉冲 $CP=1$ 期间，输出随输入的变化而变化。当输入端 R 或 S 在一个 $CP=1$ 期间发生改变时（如图中第 4 个时钟周期），输出将随输入变化，在这种情况下，触发器的状态反映不稳定性，我们把在一个 CP 脉冲为 1 期间触发器发生多次翻转的情况称为空翻。

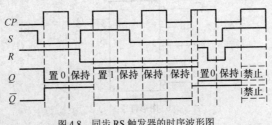

图 4.8 同步 RS 触发器的时序波形图

实际应用中，要求触发器的工作规律是每一个 CP 脉冲周期内输出只有一个状态，即使数据输入端发生了多次改变，触发器的状态也不能跟着改变。从这个角度上看，同步 RS 触发器的抗干扰能力相对较差。

4.2.2 同步 D 触发器

为了避免同步 RS 触发器同时出现 R 和 S 都为 1 的情况，可在 R 和 S 之间接入非门 G_5，如图 4.9 所示，这种单输入的触发器称为 D 触发器。

1. 电路结构和工作原理

在 $CP=0$ 时，G_3、G_4 被封锁，都输出 1，触发器保持原状态不变，不受 D 端输入信号的控制。

在 $CP=1$ 时，G_3、G_4 封锁解除，可接收 D 端输入的信号。如果 $D=1$ 时，$\overline{D}=0$，触发器翻转到 1 状态，即 $Q^{n+1}=1$；如果 $D=0$，$\overline{D}=1$，触发器翻转到 0 状态，即 $Q^{n+1}=1$。

2. 同步 D 触发器的功能真值表

由同步 D 触发器的功能描述得到其真值表如表 4.4 所示。

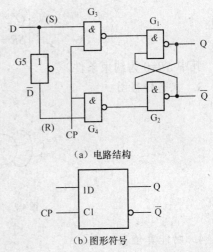

(a) 电路结构

(b) 图形符号

图 4.9 同步 D 触发器的电路结构和图形符号

表 4.4		同步 D 触发器的功能真值表	
D	Q^n	Q^{n+1}	逻辑功能
0	0	0	置 0
0	1	0	
1	0	1	置 1
1	1	1	

3. 特性方程

同步 D 触发器的特性方程为：

$$Q^{n+1}=D \quad （CP=1 \text{ 期间有效}）$$

4. 工作波形及空翻现象

由图 4.10 可知，同步 D 触发器的波形与其逻辑功能对应。与 RS 触发器比较，它没有禁止状态。但是，同步 D 触发器也存在空翻现象，如果在时钟脉冲的一个时钟周期内，输入端 D 发生多次翻转（如图 4.10 中第 4 个时钟周期），输出端也会随之翻转。空翻现象是我们在电路设计时不希望出现的。

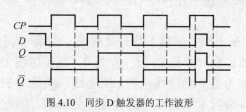

图 4.10　同步 D 触发器的工作波形

4.3　时钟脉冲边沿触发的触发器

边沿触发器只有在时钟脉冲 CP 上升沿或下降沿到来时接收输入信号，这时，电路才会根据输入信号改变状态，而在其他时间内，电路的状态不会发生变化，从而提高了触发器的工作可靠性和抗干扰能力。它没有空翻现象。对于边沿触发器，要求掌握它的工作特点和正确使用。

4.3.1　维持阻塞 D 触发器

1. 电路结构与工作原理

维持阻塞 D 触发器又称为边沿 D 触发器，它只有一个输入端，图 4.11 所示是其电路结构图。由图 4.11 可知，维持阻塞 D 触发器由 6 个与非门组成，其中 $G_1 \sim G_4$ 构成同步 RS 触发器，G_5 和 G_6 构成输入信号的引导门，输入控制端与 G_5 相连。

与同步 D 触发器相比，维持阻塞 D 触发器多了 3 根反馈线 L_1、L_2 和 L_3。其工作原理从以下两种情况分析。

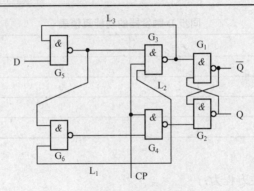

图 4.11 维持阻塞 D 触发器的结构原理图

（1）在 $CP=0$ 时，与非门 G_3、G_4 被封锁，$Q_3=1$，$Q_4=1$，G_1，G_2 组成的基本 RS 触发器保持原状态不变。同时，由于 $G_5 \sim G_6$ 的反馈信号将这两个门打开，因此可接收输入信号 D，$Q_5 = \overline{D}$，$Q_6 = \overline{Q_5} = D$。

（2）当 CP 由 0 变 1 时，触发器翻转。这时，G_3 和 G_4 打开，它们的输出 Q_3 和 Q_4 的状态由 G_5 和 G_6 的输出状态决定。$Q_3 = \overline{Q_5} = D$，$Q_4 = \overline{Q_6} = \overline{D}$，由基本 RS 触发器的逻辑功能可以得到 $Q=D$。

（3）触发器翻转后，在 $CP=1$ 时输入信号被封锁。G_3 和 G_4 打开后，它们的输出 Q_3 和 Q_4 的状态是互补的，即必定有一个是 0。若 Q_3 为 0，则反馈线 L_3 将 G_5 封锁，使触发器维持在 0 状态，反馈线 L_3 称为置 0 维持线，置 1 阻塞线；Q_4 为 0 时，将 G_3 和 G_6 封锁，使触发器维持在 1 状态，称 L_1 为置 1 维持线，L_2 为置 0 阻塞线。因此，该触发器称为维持阻塞 D 触发器。

综上，维持阻塞 D 触发器在 CP 上升沿前接受输入信号，上升沿后输入即被封锁，即该触发器接受输入数据和改变输出状态均发生在 CP 的上升沿，因此称其为边沿触发方式。

2．逻辑符号和功能描述

维持阻塞 D 触发器的逻辑功能与前面讨论的同步 D 触发器相同，其逻辑符号如图 4.12 所示。

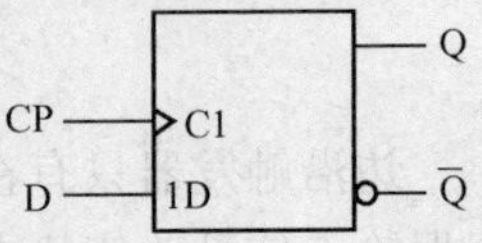

维持阻塞 D 触发器的特性方程为：

图 4.12 维持阻塞 D 触发器

$$Q^{n+1} = D^n \quad （CP \text{上升沿有效}）$$

维持阻塞 D 触发器的特性方程、功能真值表与同步 D 触发器相同，但维持阻塞 D 触发器是时钟脉冲边沿触发。

3．工作波形

由于维持阻塞 D 触发器采用边沿触发的方式，在 CP 上升沿前接受输入信号，上升沿后输入被封锁，所以不会出现空翻现象。其工作波形如图 4.13 所示。

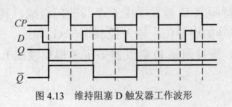

图 4.13 维持阻塞 D 触发器工作波形

4．集成 D 触发器

目前国内生产的集成 D 触发器主要是维持阻塞型，这种 D 触发器都是在时钟脉冲的上升沿翻转。常用的集成 D 触发器有双 D 触发器 74LS74、四 D 触发器 74LS75 和六 D 触发器 74LS176 等。图 4.14 所示为 74LS74 的管脚排列图。

在了解一个集成电路芯片的功能时，一个重要途径就是分析其功能真值表。74LS74 对应的功能真值表如表 4.5 所示。

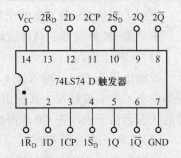

图 4.14　集成 D 触发器 74LS74 的管脚排列

表 4.5   **74LS74 的功能真值表**

输入				输出	
$\overline{R}_D$	$\overline{S}_D$	CP	D	Q	$\overline{Q}$
0	1	×	×	0	1
1	0	×	×	1	0
1	1	↑	0	0	1
1	1	↑	1	1	0

4.3.2　主从型 JK 触发器

主从触发器由两级触发器构成，其中一级直接接收输入信号，称为主触发器，另一级接收主触发器的输出信号，称为从触发器。两级触发器的时钟信号互补。

1．电路结构与工作原理

主从触发器的设计主要是为了避免 RS 触发器的约束条件及空翻现象，其电路结构如图 4.15 所示。

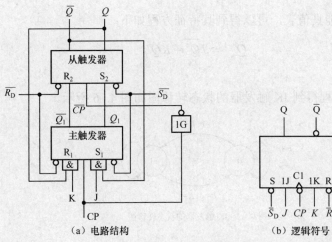

（a）电路结构　　　　　　　（b）逻辑符号

图 4.15　主从 JK 触发器

触发器的状态转换分两步完成：$CP=1$ 期间接受输入信号，而状态的翻转在 CP 下降沿发生，克服了同步 RS 触发器的空翻现象。

主从型 JK 触发器的具体逻辑功能分析如下。

（1）$CP=1$ 期间

设输出现态 $Q=1$，输入 $J=1$，$K=0$，从触发器因 $CP=0$ 被封锁，输出状态保持不变。主触发器由于 $CP=1$ 被触发，其输出次态 Q_1^{n+1} 随着 JK 输入端的变化而改变。主触发器把 $CP=1$ 时的状态记忆下来，在 CP 下降沿到来时作为输入状态送入从触发器中。

（2）CP 下跳沿到来时

主触发器因 $CP=0$ 被封锁，输出状态保持不变。从触发器由于 $CP=1$ 被触发，其输出次态 Q^{n+1} 随着输入端的变化而改变。显然 JK 触发器在 CP 下跳沿到来时输出状态发生改变，且此状态一直保持到下一个时钟脉冲下跳沿的到来。

2. 功能真值表

主从型 JK 触发器的功能真值表如表 4.6 所示，由表可见，在 CP 下降沿到来时，触发器状态发生改变。JK 触发器共有保持、置"0"、置"1"、翻转 4 种状态。

表 4.6　　　　　　　　　　　　JK 触发器功能真值表

CP	J	K	Q^n	Q^{n+1}	功能
↓	0	0	0	0	保持
↓	0	0	1	1	保持
↓	0	1	0	0	置"0"
↓	0	1	1	0	置"0"
↓	1	0	0	1	置"1"
↓	1	0	1	1	置"1"
↓	1	1	0	1	翻转
↓	1	1	1	0	翻转

3. 特征方程

由 JK 触发器的功能真值表，可以得到其特征方程如下：

$$Q^{n+1} = J\overline{Q^n} + \overline{K}Q^n$$

4. 状态转移图

由真值表或特征方程得到 JK 触发器的状态转移图如图 4.16 所示。

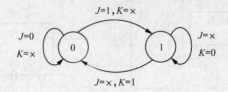

图 4.16　JK 触发器的状态转移图

5. 时序波形图

由 JK 的逻辑功能可以给出其时序波形，如图 4.17 所示，由于 JK 触发器是边沿触发的，所以没有空翻现象。

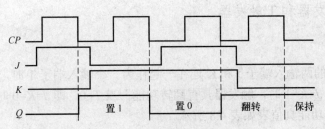

图 4.17　JK 触发器的时序波形图

6. 集成 JK 触发器

实际应用中大多采用集成 JK 触发器。常用的集成芯片型号有下降沿触发的双 JK 触发器 74LS112、上升沿触发的双 JK 触发器 CC4027 和共用置 1、清 0 端的 74LS276 四 JK 触发器等。

74LS112 双 JK 触发器每片芯片包含两个具有复位、置位端的下降沿触发的 JK 触发器，通常用于缓冲触发器、计数器和移位寄存器电路中。图 4.18 所示为其管脚排列图，表 4.7 所示为其功能真值表。

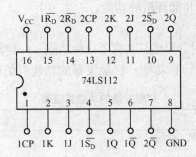

图 4.18　集成 JK 触发器 74LS112 的管脚图

表 4.7　　　　　　　　　　　　　74LS112 的功能真值表

输　　入					输　出	功　　能
$\overline{S_D}$	$\overline{R_D}$	CP	J	K	Q^{n+1}	
0	1	×	×	×	1	预置 1
1	0	×	×	×	0	预置 0
0	0	×	×	×	不定	不允许
1	1	↓	0	0	Q^n	保持
1	1	↓	1	0	1	置 1
1	1	↓	0	1	0	置 0
1	1	↓	1	0	$\overline{Q^n}$	翻转
1	1	×				不变

4.3.3 T 触发器和 T′ 触发器

1. T 触发器

把 JK 触发器的两输入端子 J 和 K 连在一起作为一个输入端子 T 时，即可构成一个 T 触发器。当 $T=1$，即 $J=K=1$ 时，触发器具有翻转功能；当 $T=0$，即 $J=K=0$ 时，触发器具有保持功能。T 触发器的功能真值表如表 4.8 所示。

表 4.8   **T 触发器的功能真值表**

输入				输出		功能
$\overline{S}_D$	$\overline{R}_D$	CP	T	Q^n	Q^{n+1}	
0	1	×	×	×	1	置 1
1	0	×	×	×	0	置 0
1	1	↓	0	0 或 1	0 或 1	保持
1	1	↓	1	0 或 1	1 或 0	翻转

显然，T 触发器只有保持和翻转两种功能。

2. T′ 触发器

让 T 触发器恒输入"1"时，显然只具有了一种功能——翻转，此时 T 触发器就变成了 T′ 触发器。T′ 触发器仅具有翻转一种功能。T′ 触发器的功能真值表如表 4.9 所示。

表 4.9   **T′ 触发器的功能真值表**

输　入				输　出		功　能
$\overline{S}_D$	$\overline{R}_D$	CP	T'	Q^n	Q^{n+1}	
0	1	×	×	×	1	置 1
1	0	×	×	×	0	置 0
1	1	↓	1	0 或 1	1 或 0	翻转

由真值表可知，T′ 触发器仅具有翻转功能。

T 触发器和 T′ 触发器只有在 CP 脉冲的边沿处对输入进行瞬时采样，而在 CP 脉冲其他期间能够有效地隔离输入与输出，是具有较强抗干扰能力的触发器，工程实际中应用普遍。

第二部分 工作任务

4.4 集成触发器的 Multisim10.0 仿真分析

1. 实训目的

（1）进一步熟悉各类触发器的逻辑功能

（2）熟悉常用的触发器功能芯片使用方法

（3）进一步熟悉 Multisim10.0 的使用方法

2．实训原理

触发器是存放二进制信息的最基本单元，是构成时序电路的主要元件。按照逻辑功能分类，主要有 RS 触发器、D 触发器、JK 触发器、T 触发器等。目前市场上出售的产品主要是 D 触发器和 JK 触发器。

实用的 D 触发器型号很多，TTL 型有 74LS74（双 D）、74LS174（六 D）、74LS195（四 D）、74LS377（八 D）等；CMOS 型有 CD4013（双 D）、CD4042（四 D）。本实验选用 74LS74（上升沿触发）。

实用的 JK 触发器 TTL 型有 74LS107、74LS112（双 JK 下降沿触发，带清零）、74LS09（双 JK 上升沿触发，带清零）、74LS111（双 JK，带数据锁定）等；CMOS 型有 CD4027（双 JK 上升沿触发）等。

3．实训步骤

（1）用两个与非门构成基本 RS 触发器（20 分）

用两个二输入的与非门构成一个基本 RS 触发器，测试其逻辑功能。

（2）用两个或非门构成基本 RS 触发器（20 分）

用两个二输入的或非门构成一个基本 RS 触发器，测试其逻辑功能。

（3）D 触发器（30 分）

用虚拟集成电路 74LS74 仿真。按照 74LS74 的芯片管脚说明连接好电路，测试其功能。时钟脉冲用于控制，观察触发器的状态变化发生在哪一时刻。

（4）JK 触发器（30 分）

用虚拟集成电路 74LS112 仿真。按照 74LS112 管脚说明连接好电路，测试其功能。手动控制时钟脉冲，观察状态在什么时候发生改变。

4．实训参考电路

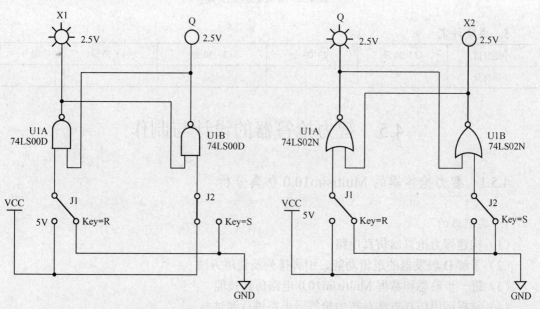

图 4.19　与非门构成的基本 RS 触发器　　　　　图 4.20　或非门构成的基本 RS 触发器

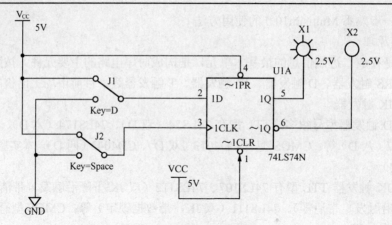

图 4.21　D 触发器电路仿真

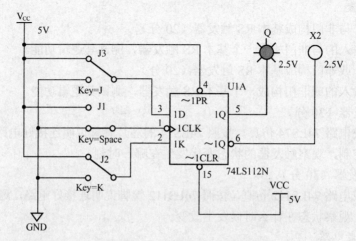

图 4.22　JK 触发器电路仿真

5. 成绩评定

小题分值	（1）20分	（2）20分	（3）30分	（4）30分	总分
小题得分					

4.5　智力抢答器的设计与制作

4.5.1　智力抢答器的 Multisim10.0 仿真分析

1. 实训目的

（1）构建智力抢答器仿真电路

（2）了解 D 触发器的逻辑功能、引脚排列及使用方法

（3）进一步熟悉和掌握 Multisim10.0 电路仿真技能

（4）掌握运用仿真方法对智力抢答器电路进行调试

2. 抢答器介绍

实用抢答器这一产品是各种竞赛中不可缺少的设备，其发展比较快，从一开始的仅具有抢答锁定功能，发展到现在的具有倒计时、定时、自动（或手动）复位、报警（声响提示，有的以音乐的方式体现）、屏幕显示、按键发光等多种功能。

抢答器适用于各类知识竞赛、文娱综艺节目，尤其是各种知识竞赛。利用它除了可以将各个抢答组号、违例组号、抢答规定时限、答题时间倒计时/正计时等在仪器面板上显示外，还可以外接大屏幕显示给观众，既活跃现场气氛，又便于监督，做到公平竞争。

3. 功能要求

（1）抢答器最多可供 4 组参赛选手使用，编号为 1~4，各组参赛选手分别用一个按钮控制，并设置一个系统清零和抢答控制开关，该开关由主持人控制。

（2）抢答先后的分辨率为 1ms。

（3）有抢答信号输入时，相应组别的指示灯亮，蜂鸣器响。此时再按其他任何一个抢答器开关均无效，指示灯依旧"保持"第一个开关按下时所对应的状态。

（4）清零及抢答控制的开关（由主持人控制），当被按下时，抢答电路清零，松开后则允许抢答。输入抢答信号由抢答按钮控制。

4. 实训步骤

（1）依据功能要求构建智力抢答器电路，并绘制仿真电路图。说明所用器件的作用。（35 分）

（2）打开仿真开关，对智力抢答器电路进行仿真并调试。写出调试步骤，记录调试中出现的问题及解决的方法。（35 分）

（3）列出智力抢答器电路的元器件清单，并说明抢答器电路的工作原理。（20 分）

（4）能否用其他的触发器实现同样的抢答器功能？画出电路图，并进行仿真调试。（10 分）

5. 实训参考电路

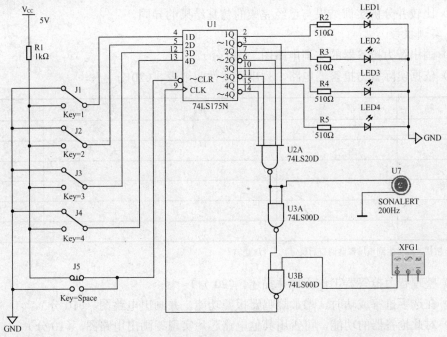

图 4.23　智力抢答器电路

6. 成绩评定

小题分值	（1）35 分	（2）35 分	（3）20 分	（4）10 分	总分
小题得分					

4.5.2 智力抢答器的制作

1. 实训目的

（1）熟悉和掌握集成 D 触发器的使用方法

（2）进一步了解 D 触发器的逻辑功能、引脚排列及使用方法

（3）学会用 D 触发器组成四路智力抢答器

（4）了解元器件市场，增强咨询能力

2. 实训主要仪器设备

（1）+5V 直流电源

（2）数字电子实验装置　　　一套

（3）集成电路、元器件（依据实训要求自行确定）　　若干

（4）其他相关设备与导线

3. 实训原理

见 4.5.1 节相关内容。

4. 实训步骤

（1）利用给定实训材料，按照技能训练 4.5.1 构建并已仿真、调试成功的智力抢答器连接电路，注意芯片的电源和地的位置。

（2）调试电路，完成抢答器功能。

（3）比较并分析实训结果与已经完成的仿真结果的异同。

5. 实训报告

（1）画出智力抢答器的实训电路图。（40 分）

（2）依据实际智力抢答器电路，列出元器件明细表。（20 分）

名　　称	型　　号	数　　量	价　　格	备　　注

注：价格栏，需学生到市场咨询调查后确定

（3）整理智力抢答器工作原理并描述。（20 分）

（4）在选手抢答成功时，增加蜂鸣器报警功能，并画出电路图。（10 分）

（5）对此抢答器的功能，可否用其他电路芯片实现？画出电路图。（10 分）

6. 成绩评定

小题分值	（1）40 分	（2）20 分	（3）20 分	（4）10 分	（5）10 分	总分
小题得分						

第三部分　总结与考核

知 识 小 结

根据前面介绍的触发器，可以归纳为以下几点。

1. 触发器是数字电路中极其重要的基本单元，可以作为二进制存储单元使用。

2. 常用的触发器有 RS 触发器、D 触发器、JK 触发器、T 触发器等。根据触发方式的不同，触发器又可分为电平触发和边沿触发两种，其中电平触发的触发器存在"空翻"现象，为克服"空翻"给数字电路带来的不稳定因素，人们设计出了边沿触发的主从型 JK 触发器和维持阻塞 D 触发器。

3. 触发器的逻辑功能可以用特性方程、真值表、状态图和时序波形图等多种方式描述。触发器的特征方程是表示其逻辑功能的主要逻辑函数，在分析和设计时序电路时常用来作为判断电路状态转换的依据。

4. 同一种功能的触发器，可以用不同的电路结构形式来实现；反过来，同一种电路结构形式，也可以构成具有不同功能的各种类型的触发器。

5. 各种不同逻辑功能的触发器的特性方程如下。

基本 RS 触发器：
$$\begin{cases} Q^{n+1} = S_D + \overline{R_D} Q^n \\ \overline{S_D} + \overline{R_D} = 1 \end{cases}$$

JK 触发器：
$$Q^{n+1} = J\overline{Q^n} + \overline{K}Q^n$$

D 触发器：
$$Q^{n+1} = D^n$$

T 触发器：
$$Q^{n+1} = T\overline{Q^n} + \overline{T}Q^n$$

T′ 触发器：
$$Q^{n+1} = \overline{Q^n}$$

自我检验题

一、填空题

1. 两个与非门构成的基本 RS 触发器的功能有_____、_____和_____。电路中不允许两个输入端同时为_____，否则将出现逻辑混乱。

2．通常把一个 CP 脉冲引起触发器多次翻转的现象称为_____，有这种现象的触发器是_____触发器，此类触发器的工作属于_____触发方式。

3．JK 触发器具有_____、_____、_____和_____四种功能。欲使 JK 触发器实现 $Q^{n+1} = \bar{Q}^n$ 的功能，则输入端 J 应接_____，K 应接_____。

4．D 触发器的输入端子有_____个，具有_____和_____的功能。

5．触发器的逻辑功能通常可用_____、_____、_____和_____等多种方法进行描述。

6．组合逻辑电路的基本单元是_____，时序逻辑电路的基本单元是_____。

7．JK 触发器的次态方程为_____，D 触发器的次态方程为_____。

8．触发器有两个互非的输出端 Q 和 $\bar{Q}$，通常规定 $Q=1$、$\bar{Q}=0$ 时为触发器的_____状态；$Q=0$、$\bar{Q}=1$ 时为触发器的_____状态。

9．两个与非门组成的基本 RS 触发器，正常工作时，不允许 $\bar{R} = \bar{S} =$_____，其特征方程为_____，约束条件为_____。

二、简答题

1．时序逻辑电路的基本单元是什么？组合逻辑电路的基本单元又是什么？

2．何谓"空翻"现象？抑制"空翻"可采取什么措施？

3．触发器有哪几种常见的电路结构形式？它们各有什么样的动作特点？

4．试分别写出钟控 RS 触发器、JK 触发器和 D 触发器的特征方程。

5．你能否推出由两个或非门组成的基本 RS 触发器的功能？写出其真值表。

三、分析题

1．已知 TTL 主从型 JK 触发器的输入控制端 J 和 K 及 CP 脉冲波形如图所示，试根据它们的波形画出相应输出端 Q 的波形。

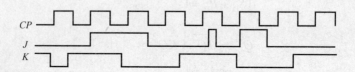

2．写出下图所示各逻辑电路的次态方程。

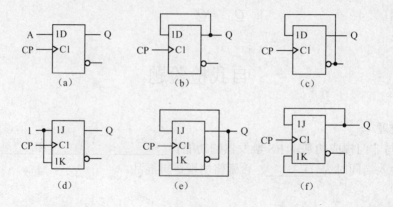

3. 下图所示为由维持阻塞 D 触发器构成的电路，试画出在 CP 脉冲下 Q_0 和 Q_1 的波形。

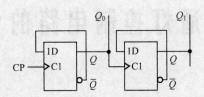

4. 电路如下图所示，试问
（1）图示电路中采用什么触发方式？
（2）分析下图所示时序逻辑电路，并指出其逻辑功能。
（3）设触发器初态为 0，画出在 CP 脉冲下 Q_0 和 Q_1 的波形。

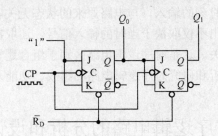

项目五　交通灯控制电路的设计与制作

第一部分　相关知识

根据逻辑功能的不同特点，数字电路可以分成两大类：一类叫组合逻辑电路（简称组合电路），另一类叫做时序逻辑电路（简称时序电路）。组合逻辑电路在逻辑功能上的特点是，任意时刻的输出仅取决于该时刻的输入，与电路原来的状态无关。时序逻辑电路在逻辑功能上的特点是，任意时刻的输出不仅取决于当时的输入信号，还取决于电路原来的状态，或者说，还与以前的输入信号有关。这是时序逻辑电路区别于组合逻辑电路的最大特点。本章将在触发器的基础上进一步分析和研究时序逻辑电路的组成、功能及应用。

5.1　时序逻辑电路的分析和设计思路

5.1.1　时序逻辑电路的功能描述

1．概念

在数字电路中，时序逻辑电路是指电路任何时刻的输出不仅取决于当前的输入，还与前一时刻输入信号有关。

2．特点

时序逻辑电路的基本单元是触发器，因此其最突出的特点是具有"记忆"性和"时序"性。常见的时序逻辑电路有触发器、计数器、寄存器等。

3．功能描述

时序逻辑电路的结构如图 5.1 所示。可以看出，时序逻辑电路由组合逻辑电路和存储电路组成，即相当于在组合逻辑的输入端加上了一个反馈输入。在电路中有一个存储电路，可以将输出的状态保持住。事实上，时序电路中可以没有组合逻辑电路，但不能没有触发器。时序逻辑电路的状态，就是依靠触发器记忆和表示的。

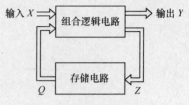

图 5.1　时序逻辑电路的结构框图

存储电路的输出状态反馈到输入端和输入信号共同确定时序逻辑电路的输出。

时序逻辑电路的各输入、输出信号之间存在着一定的关系，这些关系可以用三个方程式来描述。

（1）输出方程：$Y=F(X, Q^n)$

（2）驱动方程：$Z=G(X, Q^n)$

（3）次态方程：$Q^{n+1}=H(Z, Q^n)$

在这里引入了现态（Present state）和次态（Next State）的概念，现态表示现在的状态，用 Q^n 来表示；次态表示输入发生变化后输出的状态，用 Q^{n+1} 表示。

为了从不同角度更形象地描述时序逻辑电路，常用的描述方法还有状态转换真值表、状态转换图、时序图和激励表等。

4. 分类

时序逻辑电路通常可以按照电路的工作方式、电路输出对输入的依从关系或者输入信号的形式进行分类。

（1）按功能可分为寄存器、移位寄存器、计数器、序列脉冲发生器等。

（2）按电路的工作方式可分为同步时序逻辑电路（简称同步时序电路）和异步时序逻辑电路（简称异步时序电路）。

同步时序电路中所有的 CP 脉冲都连接在同一个输入 CP 脉冲上；异步时序逻辑电路的存储电路可由触发器或延时元件组成，电路中没有统一的时钟信号同步，电路输入信号的变化将直接导致电路状态变化。

（3）按输出信号的特点可分为米里（Mealy）型和摩尔（Moore）型时序电路。输出信号与组合逻辑电路、存储电路均有关的是米里型；输出信号仅与存储电路有关的是摩尔型。

（4）按输入信号形式可分为脉冲型和电平型。

5.1.2　时序逻辑电路的基本分析方法

根据已知的时序逻辑电路图，找出状态转换及输出变化的规律，进而说明电路功能，这个过程称为时序电路的分析。为了更加清晰地说明时序逻辑电路的分析方法，先看以下实例。

例 5.1　时序逻辑电路如图 5.2 所示，试分析其功能。

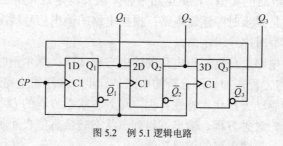

图 5.2　例 5.1 逻辑电路

解：（1）判断电路类型

该时序逻辑电路由 3 个 D 触发器构成，因此只有存储电路的输出信号，而没有组合逻辑电路的输出信号；并且该电路中各个触发器的时钟由同一个时钟 CP 控制，因此该电路是米里型同步时序逻辑电路。

（2）写出该时序逻辑电路分析时所需的方程式

电路的驱动方程为：$D_1 = \overline{Q_3^n}$　　　　$D_2 = \overline{Q_1^n}$　　　　$D_3 = \overline{Q_2^n}$

次态方程为：　　　$Q_1^{n+1} = \overline{Q_3^n}$　　　　$D_2^{n+1} = \overline{Q_1^n}$　　　　$D_3 = \overline{Q_2^n}$

由此得出如表 5.1 所示的状态转换真值表、如图 5.3 所示的状态转换图和如图 5.4 所示的波形图。

表 5.1　　　　　　　　　　　　　　例 5.1 状态转换真值表

Q_1^n	Q_2^n	Q_3^n	Q_1^{n+1}	Q_2^{n+1}	Q_3^{n+1}
0	0	0	1	0	0
0	0	1	0	0	0
0	1	0	1	0	1
0	1	1	0	0	1
1	0	0	1	1	0
1	0	1	0	1	0
1	1	0	1	1	1
1	1	1	0	1	1

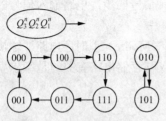

图 5.3　例 5.1 状态转换图

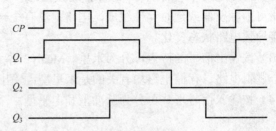

图 5.4　例 5.1 波形图

（3）根据分析得出电路的功能

由状态转换图可以看出，该电路为六进制计数器，也称六分频电路，且无自启动功能。

通过以上示例，可以归纳出时序逻辑电路的分析步骤如下所述。

（1）确定时序逻辑电路的类型。根据电路中各个触发器是否共用一个时钟 CP，判断电路是同步时序逻辑电路还是异步时序逻辑电路；根据电路的输出信号情况，判断电路是米里型时序逻辑电路还是摩尔型时序逻辑电路。

（2）根据已知时序电路，分别写出电路的输出方程（注：摩尔型时序逻辑电路没有输出方程）、驱动方程和次态方程，如果所分析的电路是异步时序逻辑电路还要写出时钟方程。

（3）将各触发器的驱动方程代入特性方程，得到各状态方程的 Q^{n+1} 表达式。

（4）根据次态方程、时钟方程、输出方程列出状态转换真值表和状态转换图。

（5）根据分析结果，说明电路的逻辑功能。

例 5.2　分析图 5.5 所示时序逻辑电路的功能。

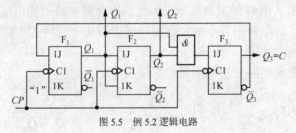

图 5.5　例 5.2 逻辑电路

解：（1）判断电路类型

三个触发器的时钟信号连同一个时钟脉冲 CP，且该电路无输入，所以是摩尔（Moore）型同步时序逻辑电路。

$$J_1 = \overline{Q_3^n} \quad J_2 = Q_1^n \quad J_3 = Q_1^n Q_2^n$$

（2）电路驱动方程：　　　　　$K_1 = 1 \quad K_2 = Q_1^n \quad K_3 = 1$

电路输出方程：　　　　　　　　　　$C = Q_3^n$

注意：TTL 电路中输入端是空，相当于接 1。

（3）触发器的特性方程：　　　　$Q^{n+1} = J\overline{Q^n} + \overline{K}Q^n$

（4）将上面的驱动方程代入特性方程中，得到各触发器的状态方程：

$$Q_1^{n+1} = J_1\overline{Q_1^n} + \overline{K_1}Q_1^n = \overline{Q_3^n}\,\overline{Q_1^n}$$

$$Q_2^{n+1} = J_2\overline{Q_2^n} + \overline{K_2}Q_2^n = Q_1^n\overline{Q_2^n} + \overline{Q_1^n}Q_2^n$$

$$Q_3^{n+1} = J_3\overline{Q_3^n} + \overline{K_3}Q_3^n = Q_1^nQ_2^n\overline{Q_3^n}$$

（5）列出状态转移表和状态图

表 5.2　　　　　　例 5.2 状态转移表

Q_3^n	Q_2^n	Q_1^n	Q_3^{n+1}	Q_2^{n+1}	Q_1^{n+1}	C
0	0	0	0	0	1	0
0	0	1	0	1	0	0
0	1	0	0	1	1	0
0	1	1	1	0	0	0
1	0	0	0	0	0	1
1	0	1	0	1	0	1
1	1	0	0	1	1	1
1	1	1	0	0	0	1

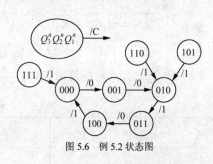

图 5.6　例 5.2 状态图

三个触发器共有 8 个状态，其中 5 个状态是有效状态，构成有效循环，另 3 个状态是无效状态。有向线段由现态指向次态，上面的"/"表示"输入/输出"，此电路有输出。

（6）由状态图可知，每来 5 个脉冲，状态循环一周，产生进位输出 C，所以它是一个五进制同步计数器。

（7）判断能否自启动。当电源开始加电或者工作中遇到外界干扰情况进入无效状态 110、111、101 时，再经过一个 CP 后可以进入有效循环。所以此电路可自启动，否则无法自启动。

例 5.3　分析图 5.7 所示电路的逻辑功能。

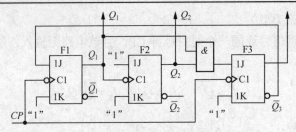

图 5.7　例 5.3 逻辑电路图

解：（1）判断电路类型

触发器 F1、F3 的时钟脉冲输入端相连后接 CP，触发器 F2 的时钟脉冲接输入端 Q_1。所以这是一个摩尔（Moore）型的异步时序电路。

（2）列出触发器的驱动方程和时钟方程：

$$J_1 = \overline{Q_3^n} \qquad K_1 = 1 \quad CP_1 = CP$$
$$J_2 = 1 \qquad K_2 = 1 \quad CP_2 = Q_1^n$$
$$J_3 = Q_1^n Q_2^n \qquad K_3 = 1 \quad CP_3 = CP$$

由于异步时序电路无统一的时钟脉冲，因此在表示状态方程时，还要列出各触发器的时钟方程。某触发器状态方程所描述的逻辑功能，仅在该触发器时钟信号到来时，可成立。

（3）将各触发器的驱动方程代入 JK 触发器的特征方程：$Q^{n+1} = J\overline{Q^n} + \overline{K}Q^n$

得出各触发器的状态方程：

$$Q_1^{n+1} = J_1\overline{Q_1^n} + \overline{K_1}Q_1^n = \overline{Q_3^n}\ \overline{Q_1^n} \qquad\qquad (CP_1 = CP\downarrow)$$
$$Q_2^{n+1} = J_2\overline{Q_2^n} + \overline{K_2}Q_2^n = \overline{Q_2^n} \qquad\qquad (CP_2 = Q_1^n\downarrow)$$
$$Q_3^{n+1} = \overline{J_3}\ \overline{Q_3^n} + \overline{K_3}Q_3^n = Q_1^nQ_2^n\overline{Q_3^n} + \overline{1}\cdot Q_3^n = Q_1^nQ_2^n\overline{Q_3^n} \qquad (CP_3 = CP\downarrow)$$

（4）根据次态方程和时钟方程，列出状态转移表如表 5.3 所示。

表 5.3　例 5.3 状态转移表

Q_3^n	Q_2^n	Q_1^n	$CP_3=CP$	$CP_2=CP$	$CP_1=CP$	Q_3^{n+1}	Q_2^{n+1}	Q_1^{n+1}
0	0	0	↓	0→1(↑)	↓	0	0	1
0	0	1	↓	1→0(↓)	↓	0	1	0
0	1	0	↓	0→1(↑)	↓	0	1	1
0	1	1	↓	1→0(↓)	↓	1	0	0
1	0	0	↓	0→0(0)	↓	0	0	0
1	0	1	↓	1→0(↓)	↓	0	1	0
1	1	0	↓	0→0(0)	↓	0	1	0
1	1	1	↓	1→0(↓)	↓	0	0	0

外界的 CP 脉冲每来一个下降沿，F1、F3 都按上面的次态方程变化，只有 F2 需要从 1

变到 0 时，才可以按照对应的次态方程变化，它们的时间有先有后。

（5）从图 5.8 所示的状态图可以看出，每来 5 个脉冲，状态循环一周，所以它的有效状态有 5 个，无效状态有 3 个，它是一个能自启动的异步五进制计数器。

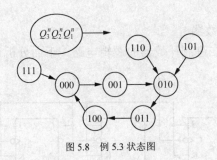

图 5.8 例 5.3 状态图

5.1.3 时序逻辑电路的设计思路

1. 时序逻辑电路设计的概念

时序逻辑电路设计是分析的逆过程。时序逻辑电路的设计是根据设计要求，画出实现给定逻辑功能的时序电路的过程。

2. 时序逻辑电路的设计步骤

（1）根据设计要求，建立原始状态表或状态图。

（2）对原始状态表或状态图进行化简。

（3）对化简后的原始状态表或状态图，进行状态分配（也称作编码），得到二进制编码形式的状态表或状态图。

（4）选定触发器类型，根据电路的状态确定所需的触发器个数；根据状态表导出状态方程和输出方程，再推出驱动方程。

（5）根据输出方程及驱动方程设计出逻辑电路图。

（6）判断电路能否自启动，如不能，需重新设计。

5.2 计 数 器

用来统计输入脉冲个数的电路称作计数器。

计数器不仅可用来对脉冲计数，而且广泛用于分频、定时、延时、顺序脉冲发生和数字运算等。

计数器的种类很多，特点各异。按照不同的分类方法，分类如下。

① 按计数进制可分为二进制计数器、十进制计数器、任意进制（或称 N 进制）计数器。

② 按计数功能可分为加法计数器、减法计数器和可逆计数器。

③ 按计数脉冲引入方式可分为异步计数器和同步计数器。

5.2.1 异步计数器

1. 异步二进制计数器

（1）异步二进制加法计数器

图 5.9 所示为异步三位二进制计数器的逻辑电路，下面分析该电路实现的功能。

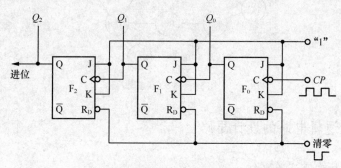

图 5.9 异步三位二进制计数器

分析步骤如下。

① 写相关方程式。

时钟方程： $CP_0=CP\downarrow$ $CP_1=Q_0\downarrow$ $CP_2=Q_1\downarrow$

驱动方程：

$$J_0=1 \qquad K_0=1$$
$$J_1=1 \qquad K_1=1$$
$$J_2=1 \qquad K_2=1$$

② 求各个触发器的状态方程。JK 触发器的特性方程为：

$$Q^{n+1} = J\overline{Q^n} + \overline{K}Q^n(CP\downarrow)$$

将对应驱动方程式分别代入特性方程式，进行化简变换可得状态方程：

$$Q_0^{n+1} = J_0\overline{Q_0^n} + \overline{K_0}Q_0^n = \overline{Q_0^n}\ (CP\downarrow)$$
$$Q_1^{n+1} = J_1\overline{Q_1^n} + \overline{K_1}Q_1^n = \overline{Q_1^n}\ (Q_0\downarrow)$$
$$Q_2^{n+1} = J_2^n\overline{Q_2^n} + \overline{K_2}Q_2^n = \overline{Q_2^n}\ (Q_1\downarrow)$$

③ 求出对应状态值。列状态表如表 5.4 所示。

表 5.4   **状态表**

CP	Q_2^n	Q_1^n	Q_0^n	Q_2^{n+1}	Q_1^{n+1}	Q_0^{n+1}
1	0	0	0	0	0	1
2	0	0	1	0	1	0
3	0	1	0	0	1	1
4	0	1	1	1	0	0

CP	Q_2^n	Q_1^n	Q_0^n	Q_2^{n+1}	Q_1^{n+1}	Q_0^{n+1}
5	1	0	0	1	0	1
6	1	0	1	1	1	0
7	1	1	0	1	1	1
8	1	1	1	0	0	0

④ 画出状态图和时序图如图 5.10 所示。

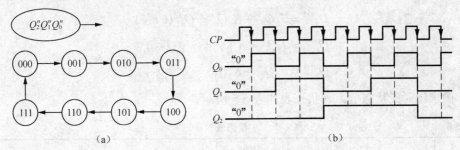

图 5.10　计数器的状态图与时序图

⑤ 确定该时序电路的逻辑功能。

由时钟方程可知该电路是异步时序电路。从时序图可知随着 CP 脉冲的递增，触发器输出 $Q_2Q_1Q_0$ 值是递增的，经过 8 个 CP 脉冲完成一个循环过程。

综上所述，此电路是异步三位二进制（或一位八进制）加法计数器。

（2）异步二进制减法计数器

下面介绍异步三位二进制（或一位八进制）减法计数器。

图 5.11 所示为异步三位二进制减法计数器逻辑电路。通过观察可以发现，在异步加法计数器的基础上，将电路做相应改动即可得到异步减法计数器。改动方法为：除最低位外，其余各位触发器的 CP 端由原来与相邻低位的 Q 端相连改为与相邻低位的 $\overline{Q}$ 端相连。下面分析该电路实现的功能。

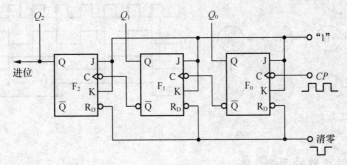

图 5.11　异步三位二进制减法计数器

分析步骤如下。

① 写相关方程式。

时钟方程：　　$CP_0=CP\downarrow$　$CP_1=\overline{Q_0}\downarrow$　$CP_2=\overline{Q_1}\downarrow$

驱动方程：

$$J_0=1 \qquad\qquad K_0=1$$
$$J_1=1 \qquad\qquad K_1=1$$
$$J_2=1 \qquad\qquad K_2=1$$

② 求各个触发器的状态方程。JK 触发器的特性方程为：

$$Q^{n+1} = J\overline{Q^n} + \overline{K}Q^n (CP\downarrow)$$

将对应驱动方程式分别代入特性方程式，进行化简变换可得状态方程：

$$Q_0^{n+1} = J_0\overline{Q_0^n} + \overline{K_0}Q_0^n = \overline{Q_0^n}\ (CP\downarrow)$$
$$Q_1^{n+1} = J_1\overline{Q_1^n} + \overline{K_1}Q_1^n = \overline{Q_1^n}\ (Q_0\downarrow)$$
$$Q_2^{n+1} = J_2\overline{Q_2^n} + \overline{K_2}Q_2^n = \overline{Q_2^n}\ (Q_1\downarrow)$$

③ 确求出对应状态值。列状态表如表 5.5 所示。

表 5.5　　　　　　　　　　　　状态表

CP	Q_2^n	Q_1^n	Q_0^n	Q_2^{n+1}	Q_1^{n+1}	Q_0^{n+1}
1	0	0	0	1	1	1
2	0	0	1	0	0	0
3	0	1	0	0	0	1
4	0	1	1	0	1	0
5	1	0	0	0	1	1
6	1	0	1	1	0	0
7	1	1	0	1	0	1
8	1	1	1	1	1	0

④ 画出状态图和时序图如图 5.12 所示。

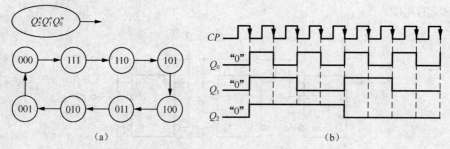

图 5.12　计数器状态图与时序图

⑤ 确定该时序电路的逻辑功能。

由时钟方程可知该电路是异步时序电路。从时序图可知，随着 CP 脉冲的递增，触发器输出 Q_2，Q_1，Q_0 值是递减的，经过 8 个 CP 脉冲完成一个循环过程。

（3）异步二进制计数器的规律和特点

用触发器构成异步 n 位二进制计数器的连接规律如表 5.6 所示。

表 5.6		异步二进制计数器的连接规律	
功能	规律	$CP_0=CP\downarrow$	$CP_0=CP\uparrow$
		$J_i=K_i=1$ $T_i=1$ $D_i=Q_i$ $(0\leq i\leq(n-1))$	
加法计数		$CP_i=Q_{(i-1)}$ $(i\geq1)$	$CP_i=\overline{Q_{(i-1)}}$ $(i\geq1)$
减法计数		$CP_i=\overline{Q_{(i-1)}}$ $(i\geq1)$	$CP_i=Q_{(i-1)}$ $(i\geq1)$

2. 异步十进制计数器

十进制计数器有 0~9 十个数码，需要 4 个触发器才能满足要求，4 个触发器共有 2^4=16 种不同状态，其中 1010~1111 六种状态属冗余码（即无效码），应予剔除。因此，十进制计数器实际上是 4 位二进制计数器的改型。

（1）异步十进制加法计数器

异步十进制加法计数器如图 5.13 所示，分析步骤如下。

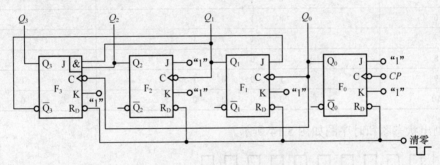

图 5.13 异步十进制加法计数器

① 写相关方程式。

时钟方程： $CP_0=CP\downarrow$ $CP_1=Q_0\downarrow$ $CP_2=Q_1$ $CP_3=Q_0\downarrow$

驱动方程：

$$J_0=1 \qquad\qquad K_0=1$$

$$J_1=\overline{Q_3^n} \qquad\qquad K_1=1$$

$$J_2=1 \qquad\qquad K_2=1$$

$$J_3=Q_1^n Q_2^n \qquad\qquad K_3=1$$

② 求各个触发器的状态方程。JK 触发器的特性方程为：

$$Q^{n+1}=J\overline{Q^n}+\overline{K}Q^n(CP\downarrow)$$

将对应驱动方程式分别代入特性方程式，进行化简变换可得状态方程：

$$Q_0^{n+1}=J_0\overline{Q_0^n}+\overline{K_0}Q_0^n=\overline{Q_0^n}(CP\downarrow)$$

$$Q_1^{n+1}=J_1\overline{Q_1^n}+\overline{K_1}Q_1^n=\overline{Q_1^n}\cdot\overline{Q_3^n}(Q_0\downarrow)$$

$$Q_2^{n+1} = J_2\overline{Q_2^n} + \overline{K_2}Q_2^n = \overline{Q_2^n}(Q_1\downarrow)$$

$$Q_3^{n+1} = J_3\overline{Q_3^n} + \overline{K_3}Q_3^n = \overline{Q_3^n}(Q_0\downarrow)$$

③ 求出对应状态值。列状态表如表 5.7 所示。

表 5.7   状态表

CP	计数器状态				进位 C
	Q_3	Q_2	Q_1	Q_0	
0	0	0	0	0	0
1	0	0	0	1	0
2	0	0	1	0	0
3	0	0	1	1	0
4	0	1	0	0	0
5	0	1	0	1	0
6	0	1	1	0	0
7	0	1	1	1	0
8	1	0	0	0	0
9	1	0	0	1	1
10	0	0	0	0	0

④ 画出状态图和时序图如图 5.14 所示。

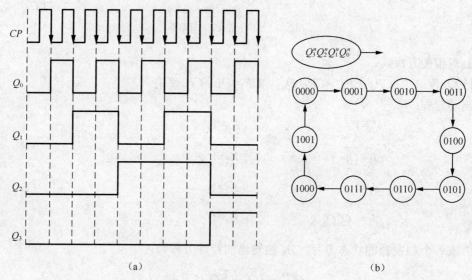

（a）   （b）

图 5.14   计数器状态图与时序图

⑤ 确定该时序电路的逻辑功能。

由时钟方程可知该电路是异步时序电路。从时序图可知，随着 CP 脉冲的递增，触发器输出 $Q_3Q_2Q_1Q_0$ 值是递增的，经过 10 个 CP 脉冲完成一个循环过程。

3. 集成异步计数器芯片 74LS290

常见集成电路 74LS290 是异步十进制加法计数器，逻辑图如图 5.15 所示。它由 4 个主从 JK 触发器和两个与非门组成。整个电路分为两部分，F_0 是一位二进制计数器；F_1、F_2 和 F_3 组成异步五进制计数器，若以 CP_0 为计数输入端、Q_0 为输出端，则得到二进制计数器；若以 CP_1 为输入端、Q_3 为输出端，则得到五进制计数器；若将 CP_1 和 Q_0 相连，同时以 CP_0 为输入端、Q_3 为输出端，则得到十进制计数器。因此，将这个电路称为二-五-十进制计数器。

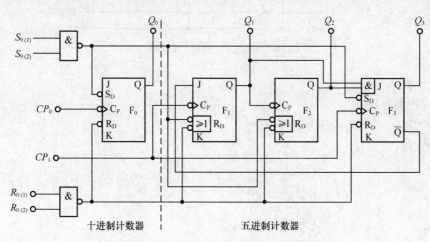

图 5.15　异步计数器 74LS290 的逻辑电路图

在 74LS290 计数器中，设有直接置 0 输入端 $R_{0(1)}$、$R_{0(2)}$ 和置 9 输出端 $S_{9(1)}$、$S_{9(2)}$，借助它们实现复位和置 9 功能，作用如表 5.8 所示。当 $S_{9(1)}=S_{9(2)}=1$ 时，计数器被置成 $Q_3Q_2Q_1Q_0=$ 1001 状态（相当于 9），不能计数。

表 5.8　　　　　　　　　　　　　**74LS290 逻辑功能表**

$S_{9(1)}$	$S_{9(2)}$	$R_{0(1)}$	$R_{0(2)}$	CP_0	CP_1	Q_3	Q_2	Q_1	Q_0
1	1	×	×	×	×	1	0	0	1
0	×	1	1	×	×	0	0	0	0
×	0	1	1	×	×	0	0	0	1
$S_{9(1)} \cdot S_{9(2)}=0$				CP	0	二进制			
$R_{0(1)} \cdot R_{0(2)}$				0	CP	五进制			
				CP	Q_0	8421　十进制			
				Q_3	CP_3	8421　十进制			

5.2.2　同步计数器

1. 同步二进制计数器

（1）同步二进制加法计数器

图 5.16 所示为同步三位二进制计数器的逻辑电路，下面分析该电路实现的功能。

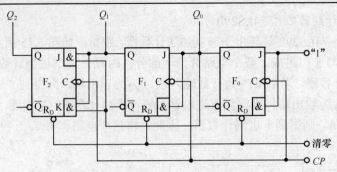

图 5.16　同步三位二进制计数器逻辑电路

分析步骤如下。

① 写相关方程式。

时钟方程：　　　$CP_0 = CP_1 = CP_2 = CP\downarrow$

驱动方程：

$$J_0 = K_0 = 1$$
$$J_1 = K_1 = Q_0^n$$
$$J_2 = K_2 = Q_0^n \cdot Q_1^n$$

② 求各个触发器的状态方程。JK 触发器的特性方程为：

$$Q^{n+1} = J\overline{Q^n} + \overline{K}Q^n (CP\downarrow)$$

将对应驱动方程式分别代入特性方程式，进行化简变换可得状态方程：

$$Q_0^{n+1} = J_0\overline{Q_0^n} + \overline{K_0}Q_0^n = \overline{Q_0^n} (CP\downarrow)$$

$$Q_1^{n+1} = J_1\overline{Q_1^n} + \overline{K_1}Q_1^n = Q_0^n\overline{Q_1^n} + \overline{Q_0^n}\,\overline{Q_1^n} (CP\downarrow)$$

$$Q_2^{n+1} = J_2\overline{Q_2^n} + \overline{K_2}Q_2^n = Q_0^nQ_1^n\overline{Q_2^n} + \overline{Q_0^nQ_1^n}Q_2^n (CP\downarrow)$$

③ 求出对应状态值。列状态表如表 5.9 所示。

表 5.9　　　　　　　　　　　　　　　　　　　状态表

CP	Q_2^n	Q_1^n	Q_0^n		Q_2^{n+1}	Q_1^{n+1}	Q_0^{n+1}
0	0	0	0		0	0	1
1	0	0	1		0	1	0
2	0	1	0		0	1	1
3	0	1	1		1	0	0
4	1	0	0		1	0	1
5	1	0	1		1	1	0
6	1	1	0		1	1	1
7	1	1	1		0	0	0

④ 画出状态图和时序图如图 5.17 所示。

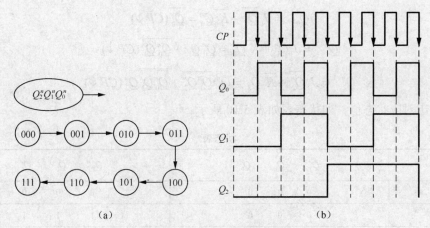

（a）

（b）

图 5.17 计数器状态图与时序图

⑤ 确定该时序电路的逻辑功能。

由时钟方程可知该电路是异步时序电路。从时序图可知，随着 CP 脉冲的递增，触发器输出 $Q_2Q_1Q_0$ 值是递增的，经过 8 个 CP 脉冲完成一个循环过程。

（2）同步二进制减法计数器

图 5.18 所示为同步三位二进制计数器的逻辑电路，下面分析该电路实现的功能。

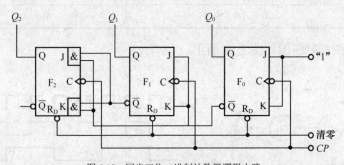

图 5.18 同步三位二进制计数器逻辑电路

分析步骤如下。

① 写相关方程式。

时钟方程： $CP_0 = CP_1 = CP_2 = CP\downarrow$

驱动方程：

$$J_0 = K_0 = 1$$

$$J_1 = K_1 = \overline{Q_0^n}$$

$$J_2 = K_2 = \overline{Q_0^n} \cdot \overline{Q_1^n}$$

② 求各个触发器的状态方程。JK 触发器的特性方程为：

$$Q^{n+1} = J\overline{Q^n} + \overline{K}Q^n (CP\downarrow)$$

将对应驱动方程式分别代入特性方程式，进行化简变换可得状态方程：

$$Q_0^{n+1} = J_0\overline{Q_0^n} + \overline{K_0}Q_0^n = \overline{Q_0^n}(CP\downarrow)$$

$$Q_1^{n+1} = J_1\overline{Q_1^n} + \overline{K_1}Q_1^n = Q_0^n\overline{Q_1^n} + \overline{Q_0^n}Q_1^n(CP\downarrow)$$

$$Q_2^{n+1} = J_2\overline{Q_2^n} + \overline{K_2}Q_2^n = \overline{Q_0^n}\,\overline{Q_1^n}\,\overline{Q_2^n} + \overline{\overline{Q_0^n}Q_1^n}Q_2^n(CP\downarrow)$$

③ 求出对应状态值。列状态表如表 5.10 所示。

表 5.10　　　　　　　　　　　　状态表

CP	Q_2^n	Q_1^n	Q_0^n	Q_2^{n+1}	Q_1^{n+1}	Q_0^{n+1}
0	0	0	0	0	0	0
1	0	0	0	1	1	1
2	1	1	1	1	1	0
3	1	1	0	1	0	1
4	1	0	1	1	0	0
5	1	0	0	0	1	1
6	0	1	1	0	1	0
7	0	1	0	0	0	1
8	0	0	1	0	0	0

④ 画出状态图和时序图如图 5.19 所示。

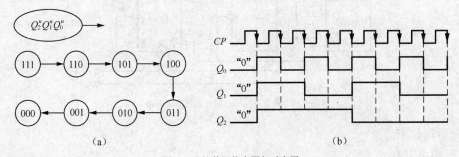

图 5.19　计数器状态图与时序图

⑤ 确定该时序电路的逻辑功能。

由时钟方程可知该电路是异步时序电路。从时序图可知，随着 CP 脉冲的递增，触发器输出 $Q_2Q_1Q_0$ 值是递减的，经过 8 个 CP 脉冲完成一个循环过程。

2. 同步十进制计数器

二进制计数器虽然电路简单、容易制作，但是读数不习惯，所以在某些场合还是采用十进制计数器。十进制计数器是以二进制计数器为基础改造而成的。

（1）同步十进制加法计数器

图 5.20 所示为同步三位二进制计数器的逻辑电路，下面分析该电路实现的功能。

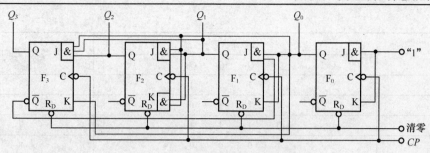

图 5.20 同步十进制计数器逻辑电路

分析步骤如下。

① 写出相关方程式。

时钟方程： $CP_0 = CP_1 = CP_2 = CP_3 = CP\downarrow$

驱动方程：

$$J_0 = K_0 = 1$$

$$J_1 = \overline{Q_3^n} Q_0^n \qquad\qquad K_1 = Q_0^n$$

$$J_2 = K_2 = Q_1^n Q_0^n$$

$$J_3 = Q_0^n Q_1^n Q_2^n \qquad\qquad K_3 = Q_0^n$$

② 求各个触发器的状态方程。JK 触发器的特性方程为：

$$Q^{n+1} = J\overline{Q^n} + \overline{K} Q^n \,(CP\downarrow)$$

将对应驱动方程式分别代入特性方程式，进行化简变换可得状态方程：

$$Q_0^{n+1} = J_0 \overline{Q_0^n} + \overline{K_0} Q_0^n = \overline{Q_0^n} \,(CP\downarrow)$$

$$Q_1^{n+1} = J_1 \overline{Q_1^n} + \overline{K_1} Q_1^n = \overline{Q_1^n}\, \overline{Q_3^n} Q_0^n + Q_1^n \overline{Q_0^n} \,(CP\downarrow)$$

$$Q_2^{n+1} = J_2 \overline{Q_2^n} + \overline{K_2} Q_2^n = \overline{Q_2^n} Q_1^n Q_0^n + Q_2^n \overline{Q_1^n}\, \overline{Q_0^n} \,(CP\downarrow)$$

$$Q_3^{n+1} = J_3 \overline{Q_3^n} + \overline{K_3} Q_3^n = \overline{Q_3^n} Q_2^n Q_1^n Q_0^n + Q_3^n \overline{Q_0^n} \,(CP\downarrow)$$

③ 求出对应状态值。列状态表如表 5.11 所示。

表 5.11 状态表

CP	计数器状态				等效十进制数
	Q_3	Q_2	Q_1	Q_0	
0	0	0	0	0	0
1	0	0	0	1	1
2	0	0	1	0	2
3	0	0	1	1	3
4	0	1	0	0	4

续表

CP	计数器状态				等效十进制数
	Q_3	Q_2	Q_1	Q_0	
5	0	1	0	1	5
6	0	1	1	0	6
7	0	1	1	1	7
8	1	0	0	0	8
9	1	0	0	1	9
10	0	0	0	0	10

④ 画出状态图和时序图如图 5.21 所示。

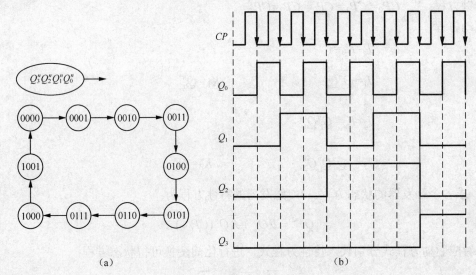

（a）   （b）

图 5.21　计数器状态图与时序图

⑤ 确定该时序电路的逻辑功能。

由时钟方程可知该电路是异步时序电路。从时序图可知，随着 CP 脉冲的递增，触发器输出 $Q_3Q_2Q_1Q_0$ 值是递增的，经过 10 个 CP 脉冲完成一个循环过程。

3. 集成同步计数器芯片 74LS161

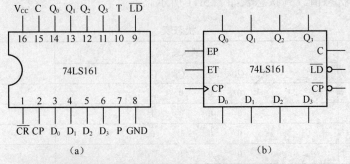

（a）   （b）

图 5.22　同步计数器芯片 74LS161 的引脚图和逻辑符号图

常见集成电路 74LS161 是四位二进制同步计数器，具有计数、保持、预置、清零功能，其引脚图和逻辑符号图如图 5.22 所示。在图中，$\overline{LD}$ 为同步置数控制端；D_0、D_1、D_2、D_3 为并行数据输入端；$\overline{R}_D$ 为异步置零端；EP 和 ET 为使能端；C 为进位输出端，当计数到 1111 时，进位输出端 C 送出进位信号（高电平有效），即 $C=1$。

表 5.12 所示是 74LS161 的逻辑功能表。

表 5.12　　　　　　　　　　　　**74LS161 的逻辑功能表**

	输入								输出				功能说明
CP	$\overline{R}_D$	$\overline{LD}$	EP	ET	D_0	D_1	D_2	D_3	Q_0	Q_1	Q_2	Q_3	
×	0	×	×	×	×	×	×	×	0	0	0	0	异步清零
↑	1	0	×	×	D_0	D_1	D_2	D_3	D_0	D_1	D_2	D_3	并行置数
×	1	1	0	×	×	×	×	×	Q_0	Q_1	Q_2	Q_3	保持
×	1	1	×	0	×	×	×	×	Q_0	Q_1	Q_2	Q_3	保持
↑	1	1	1	1	×	×	×	×					计数

（1）异步清零

当清零控制端 $\overline{R}_D$ =0 时，输出端清零，与 CP 无关。

（2）同步预置数

在 $\overline{R}_D$ =1 的前提下，当预置数端 $\overline{LD}$ =0 时，在输入端 D_0、D_1、D_2、D_3 预置某个数据，则在 CP 脉冲上升沿的作用下，就将 D_0、D_1、D_2、D_3 端的数据置入计数端。

（3）保持

当 $\overline{R}_D$ =1、$\overline{LD}$ =1 时，只要使能端 EP 和 ET 中有一个低电平，就使计数器处于保持状态。在保持状态下，CP 不起作用。

（4）当计数 $\overline{R}_D$ =1、$\overline{LD}$ =1、$EP=ET$=1 时，电路为四位二进制加法计数器。在 CP 脉冲的作用下，电路按自然二进制数递加，即由 0000→0001→…→1111。当计到 1111 时，进位输出端 C 送出进位信号（高电平有效），即 $C=1$。

5.2.3　N 进制计数器

（1）利用 74LS290 构成十进制以内任意计数器

利用 74LS290 分别可以实现二进制、五进制和十进制计数，具有清零、置数和计数功能。

① 异步置 9。当 $R_{9(1)}$ = $R_{9(2)}$ =1 时，电路 $Q_3Q_2Q_1Q_0$=1001。可利用置 9 功能进行功能扩展。

② 异步清零。当 $R_{9(1)} \cdot R_{9(2)}$ =0 时，若 $R_{0(1)} \cdot R_{0(2)}$ =1，则电路输出全部为 0。

③ 计数。当 $R_{9(1)} \cdot R_{9(2)}$ =0，且 $R_{0(1)} \cdot R_{0(2)}$ =0 时，电路为计数状态。计数方式有以下 3 种：

二进制计数器，CP 由 CP_0 端输入，Q_0 端输出，如图 5.23（a）所示；

五进制计数器，CP 由 CP_1 端输入，Q_3、Q_2、Q_1 端输出，如图 5.23（b）所示；

十进制计数器（8421 码），Q_0 和 CP_1 相连，以 CP_0 为计数脉冲输入端，Q_3、Q_2、Q_1、Q_0

端输出，如图 5.23（c）所示；

十进制计数器（5421 码），Q_3 和 CP_0 相连，以 CP_1 为计数脉冲输入端，Q_3、Q_2、Q_1、Q_0 端输出，如图 5.23（d）所示。

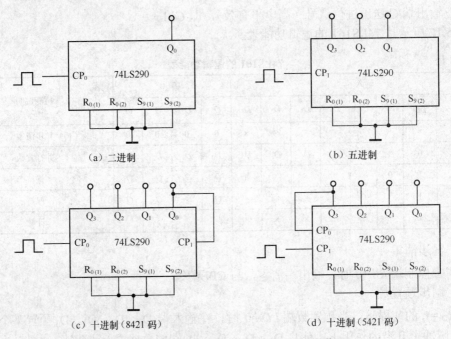

图 5.23　74LS290 构成二进制、五进制和十进制计数器

利用一片 74LS290 集成计数器芯片，构成十进制以内其他进制计数器，可以采用直接清零法。六进制计数器如图 5.24 所示。

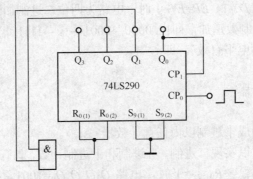

图 5.24　用直接器清零法，由 74LS290 构成的六进制计数器

（2）构成十进制以上任意计数器

构成计数器的进制数与需要使用的芯片片数相适应。例如，用 74LS290 芯片构成二十四进制计数器，$N=24$，就需要两片 74LS290，先将每块 74LS290 连接成 8421 码十进制计数器，再将低位芯片的输出端和高位芯片的输入端相连，采用直接清零法就可以实现二十四进制计数。需要注意的是，其中的与门的输出要同时送到每块芯片的置"0"端 $R_{0(1)}$、$R_{0(2)}$，实现电路如图 5.25 所示。

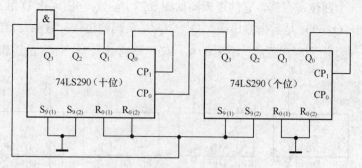

图 5.25　8421 BCD 码二十四进制计数器

　　用两片 74LS161 构成二十九进制计数器。第一片的 EP、ET 接高电平，所以第一片一直工作在计数状态；以第一片的进位输出 RCO 作为第二片的 EP 和 ET 输入，当第一片计到 1001 时 RCO 变成 1，在下一个 CP 到来时使第二片进入计数状态，计入 1，而第一片又从 0000 开始计数。当计入 29 个 CP 脉冲时，即第一片的 $Q_4Q_3Q_2Q_1$=1001，而第二片的 $Q_4Q_3Q_2Q_1$=0010 时，输出通过与非门反馈给两片 74LS161 的 R_d 一个置零信号，从而使电路回到 0000 状态，R_d 信号也随之消失，电路重新从 0000 状态开始计数。这样电路就实现了二十九进制计数的功能。实现电路如图 5.26 所示。

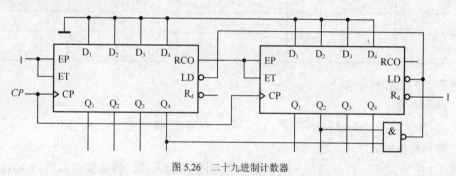

图 5.26　二十九进制计数器

5.3　寄存器和移位寄存器

5.3.1　寄存器

　　寄存器是一种重要的数字逻辑部件，常用于接收、暂存、传递数码和指令等信息。一个触发器有两种稳定状态，可以存放一位二进制数码。存放 n 位二进制数码需要 n 个触发器。为了使触发器能按照指令接收、存放、传送数码，有时还需配备一些起控制作用的门电路。

　　在数字系统中，用来暂时存放数码的单元电路称为数码寄存器，它只有接收、暂存和清除原有数码的功能。现在以集成四位数码寄存器 74LS175 为例来说明数码寄存器的电路结构和功能。

74LS175 是一个四位寄存器，它的逻辑图如图 5.27 所示。它由 4 个 D 触发器组成，$D_0 \sim$ D_3 是数据输入端，$Q_0 \sim Q_3$ 是数据输出端，$\overline{Q}_0 \sim \overline{Q}_3$ 是反码输出端。各触发器的复位端（直接置 0 端）连接在一起，作为寄存器的总清零端 $\overline{R}_D$（低电平有效）。74LS175 的逻辑功能见表 5.13。

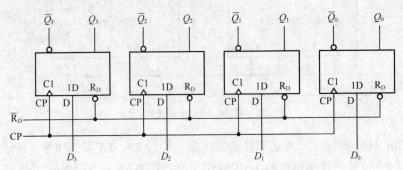

图 5.27   4 位数码寄存器

表 5.13   74LS175 的功能表

$\overline{R}_D$	CP	D	Q^{n+1}	$\overline{Q^{n+1}}$
0	×	×	0	1
1	↑	1	1	0
1	↑	0	0	1
1	0	×	Q^n	$\overline{Q^n}$

该寄存器的工作过程如下。

（1）异步清零

在 $\overline{R}_D$ 端加负脉冲，各触发器清零。清零后，应将 $\overline{R}_D$ 接高电平。

（2）并行数据输入

在 $\overline{R}_D =1$ 的前提下，将所要存入的数据 D 加到数据输入端，例如要存入数码 1010，则寄存器的四个输入端 $D_3D_2D_1D_0$ 应为 1010。在 CP 脉冲上升沿到来的时刻，寄存器的状态 $Q_3Q_2Q_1Q_0$ 就变为 1010，数据被存入。

（3）记忆保持

只要使 $\overline{R}_D =1$，CP 无上升沿（通常接低电平），则各触发器保持原状态不变，寄存器处在记忆保持状态，这样就完成了接收并暂存数码的功能。这种寄存器在接收数码时是同时输入的，取出数码时也是同时取出的，所以这种寄存方式称为并行输入、并行输出。

5.3.2   移位寄存器

数码寄存器只有寄存数码或代码的功能，有时为处理数据，需要将寄存器中的各位数据在移位控制信号的作用下，依次向高位或低位移动一位。具有移位功能的寄存器称为移位寄存器。移位寄存器的存储单元只能是主从触发器或边沿触发器。

移位寄存器中的存储数据或代码，在移位脉冲的操作下，可以依次逐位右移或左移，而数据或代码既可以并行输入、并行输出，也可以串行输入、串行输出，还可以并行输入、串行输出，串行输入、并行输出。

1. 单向移位寄存器

单向移位寄存器又有右移和左移之分，通常用边沿 D 触发器构成，如图 5.28 所示，图（a）为右移，图（b）为左移。

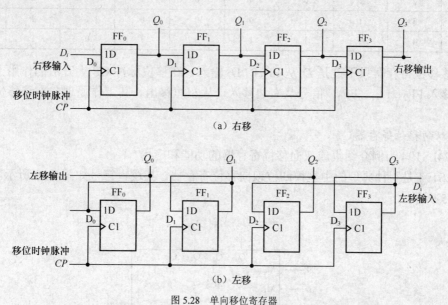

（a）右移

（b）左移

图 5.28　单向移位寄存器

在右移移位寄存器中，高位触发器的 D 端与低位触发器的 Q 端相连，由同一个 CP 脉冲控制，并在上升沿触发。因此由电路图可得以下方程：

脉冲方程

$$CP_0 = CP_1 = CP_2 = CP_3 = CP（上升沿有效）$$

驱动方程

$$D_0 = D_i$$
$$D_1 = Q_0^n$$
$$D_2 = Q_1^n$$
$$D_3 = Q_2^n$$

将驱动方程代入到边沿 D 触发器的特性方程中得状态方程：

$$Q_0^{n+1} = D_i \quad CP\uparrow$$
$$Q_1^{n+1} = Q_0^n \quad CP\uparrow$$
$$Q_2^{n+1} = Q_1^n \quad CP\uparrow$$
$$Q_3^{n+1} = Q_2^n \quad CP\uparrow$$

设 D_i=1101，移位脉冲未到达之前 $Q_3Q_2Q_1Q_0$=0000，当经过 4 个移位脉冲后，触发器的 4 个输出端可获得并行的四位二进制数码，$Q_3Q_2Q_1Q_0$=1101；再经过 4 个移位脉冲后，触发器的第 4 个输出端 Q_3 可依次获得串行的四位二进制数码，Q_3=1101。其过程可见表 5.14 所示。

表 5.14 四位右移移位寄存器的状态表

输入		现态				次态			
D_i	$CP\uparrow$	Q_0^n	Q_1^n	Q_2^n	Q_3^n	Q_0^{n+1}	Q_1^{n+1}	Q_2^{n+1}	Q_3^{n+1}
1	1	0	0	0	0	1	0	0	0
1	2	1	0	0	0	1	1	0	0
0	3	1	1	0	0	0	1	1	0
1	4	0	1	1	0	1	0	1	1

左移移位寄存器只不过是 D_i 从 FF_3 的 D_3 输入，在移位脉冲 CP 上升沿的作用下，将数码依次移入 FF_2、FF_1、FF_0。信号从右边移入，从左边移出，其工作原理与右移移位寄存器相同。

2. 双向移位寄存器

以 74LS194 为例介绍集成双向移位寄存器的功能和应用。

74LS194 是一种典型的中规模四位双向移位寄存器。其逻辑符号如图 5.29 所示，功能表如表 5.15 所示。

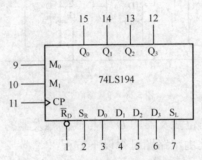

图 5.29   74LS194 四位双向移位寄存器

表 5.15 74LS194 的功能表

$\overline{R}_D$	M_1	M_0	CP	S_R	S_L	D_0	D_1	D_2	D_3	Q_0	Q_1	Q_2	Q_3	功能说明
0	×	×	×	×	×	×	×	×	×	0	0	0	0	异步置0
1	×	×	0	×	×	×	×	×	×	Q_0	Q_1	Q_2	Q_3	静态保持
1	0	0	↑	×	×	×	×	×	×	Q_0	Q_1	Q_2	Q_3	动态保持
1	0	1	↑	D_{IR}	×	×	×	×	×	D_{IR}	Q_0	Q_1	Q_2	右移
1	1	0	↑	×	D_{IL}	×	×	×	×	Q_1	Q_2	Q_3	D_{IL}	左移
1	1	1	↑	×	×	D_0	D_1	D_2	D_3	Q_0	Q_1	Q_2	Q_3	并行输入

由表 5.15 可知，当清零端 $\overline{R}_D$ 为低电平时，输出端 $Q_0 \sim Q_3$ 均为低电平；当 $M_1M_0=00$ 时，移位寄存器保持原来状态；当 $M_1M_0=01$ 时，移位寄存器在 CP 脉冲的作用下进行右移位，数据从 S_R 端输入；当 $M_1M_0=10$ 时，移位寄存器在 CP 脉冲的作用下进行左移位，数据从 S_L 端输入；当 $M_1M_0=11$ 时，在 CP 脉冲的配合下，并行输入端的数据存入寄存器中。

综上所述，74LS194 除具有清零，保持，实现数据左移、右移功能外，还具有实现数码并行输入或串行输入、并行输出或串行输出的功能。

第二部分　工作任务

5.4　任意进制计数器、移位寄存器的 Multisim10.0 仿真分析

1．实训目的

（1）掌握典型集成计数器的功能测试方法和使用方法

（2）掌握计数器的级联方法并能进行 N 进制计数器的设计

（3）掌握集成双向移位寄存器的测试方法和使用方法

（4）掌握应用 Multisim 10.0 仿真软件进行任意进制计数器和彩灯控制器的绘制、仿真与调试

2．计数器、移位寄存器介绍

（1）计数器

① 计数器是用以实现计数功能的时序逻辑部件，计数器不仅可用来计数脉冲，还可用作数字系统的定时、分频，执行数字运算以及具有其他特定的逻辑功能。

② 计数器的种类很多，按材料可分有 TTL 型和 CMOS 型；按工作方式可分为同步计数器和异步计数器；根据计数制的不同又可分为二进制计数器、十进制计数器和 N 进制计数器；根据计数器的增减趋势还可分为加法计数器和减法计数器等。

目前，无论是 TTL 集成计数器，还是 CMOS 集成计数器，品种都比较齐全，使用者只要借助电子手册提供的功能表和工作波形图以及管脚排列图，就可正确地运用这些中规模集成计数器器件。

（2）移位寄存器的移位功能是指寄存器中所存的代码能够在移位脉冲的作用下依次左移或右移。既能左移又能右移的称为双向移位寄存器，只需要改变左、右移位的控制信号便可实现双向移位要求。根据移位寄存器存取信息的方式不同可分为串入串出、串入并出、并入串出、并入并出 4 种形式。

3．功能要求

（1）用二输入与非门、同步十进制加法计数器和显示译码器构成 60 进制加法计数器，并用数码管显示计数状态的变化。

（2）用非门、双向移位寄存器、发光二极管和电阻构成八路彩灯控制器。

4．实训步骤

（1）依据功能要求构建六十进制加法计数器，并绘制仿真电路图。说明所用器件的作用。（30 分）

（2）依据功能要求构建八路彩灯控制器，并绘制仿真电路图。说明所用器件的作用。（30分）

（3）打开仿真开关，分别对 60 进制加法计数器、八路彩灯控制器进行仿真并调试。写出调试步骤，记录调试中出现的问题及解决的方法。（20分）

（4）分别列出六十进制加法计数器、八路彩灯控制器的元器件清单。（20分）

5. 成绩评定

小题分值	（1）30 分	（2）30 分	（3）20 分	（4）20 分	总分
小题得分					

5.5 交通灯控制电路的设计与制作

5.5.1 交通灯控制电路的 Multisim10.0 仿真分析

1. 实训目的

（1）构建交通灯控制电路的仿真电路

（2）掌握同步十进制计数器 74LS160 的功能测试方法和使用方法

（3）进一步熟悉和掌握 Multisim 10.0 电路仿真技能

（4）掌握运用仿真方法对交通信号灯控制电路进行调试

2. 交通信号灯控制电路介绍

十字路口的交通信号灯指挥着行人和各种车辆的安全通行。十字路口中一条为主干道，另一条为支干道。红灯停、绿灯行，在绿灯变红灯时先要求黄灯亮几秒钟，以便让停车线以外的车辆停止运行。因为主干道上的车辆多，因此放行的时间要长。

3. 功能要求

假设有个十字路口，分别有 A、B 两条交叉的道路，交通灯的控制方式为：A 街道出现在绿灯（3s）、黄灯（1s）时，B 街道为红灯（4s）；A 街道为红灯（4s）时，B 街道出现绿灯（3s）、黄灯（1s）；如此循环。

4. 设计原理及分析

由分析知，交通灯控制的一个循环为 8s，可以采用一片同步十进制计数 74LS160 来完成时间控制，相当于模 8 的计数器。

（1）74LS160 简介

74LS160 是同步十进制计数器，其管脚排列如图 5.30 所示。其中 A、B、C、D 为预置数输入端，LOAD 为预置数控制端，CLR 为异步清零端，ENP 和 ENT 为计数器允许端，CLK 为上升沿触发时钟端，RCO 为输出的进位信号，QA、QB、QC、QD 为十进制输出端。当 ENP、ENT 和 LOAD 端均为高电平时，74LS160 工作在计数状态。

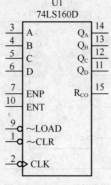

图 5.30 74LS160 管脚图

（2）真值表

假设 A、B 街道的绿、黄、红灯分别用 GA、YA、RA 和 GB、YB、RB 表示，则交通灯控制电路的真值表如表 5.16 所示。

表 5.16　　　　　　　　　　　交通灯控制电路真值表

Q_D	Q_C	Q_B	Q_A	G_A	Y_A	R_A	G_B	Y_B	R_B
0	0	0	0	1	0	0	0	0	1
0	0	0	1	1	0	0	0	0	1
0	0	1	0	1	0	0	0	0	1
0	0	1	1	0	1	0	0	0	1
0	1	0	0	0	0	1	1	0	0
0	1	0	1	0	0	1	1	0	0
0	1	1	0	0	0	1	1	0	0
0	1	1	1	0	0	1	0	1	0
1	0	0	0	×	×	×	×	×	×
1	0	0	1	×	×	×	×	×	×
1	0	1	0	×	×	×	×	×	×
1	0	1	1	×	×	×	×	×	×
1	1	0	0	×	×	×	×	×	×
1	1	0	1	×	×	×	×	×	×
1	1	1	0	×	×	×	×	×	×
1	1	1	1	×	×	×	×	×	×

（3）模 8 计数器

在 CLK 端输入 1Hz 的脉冲信号时，要产生 8s 的控制信号，只要设计一个模 8 计数器，即计数器的计数范围为 0000～0111，所以将 1000 信号作为清零信号，即将 QD 通过一个非门接到芯片的清零端 CLR 即可完成设计任务。

根据思路设计后的电路如图 5.31 所示。

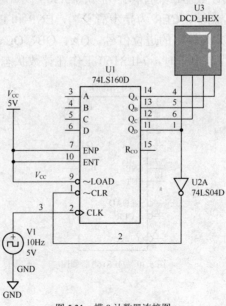

图 5.31　模 8 计数器连接图

（4）确定逻辑表达式

根据交通灯真值表，通过逻辑转换可以获得各灯的逻辑表达式为：

$$GA = \overline{Q_A}\,\overline{Q_C} + \overline{Q_B}\,\overline{Q_C} = \overline{Q_C} \cdot (\overline{Q_A} + \overline{Q_B})$$

$$YA = Q_A Q_B \overline{Q_C}$$

$$RA = Q_C$$

$$GB = \overline{Q_B} Q_C + \overline{Q_A} Q_C = Q_C \cdot (\overline{Q_A} + \overline{Q_B})$$

$$YB = Q_A Q_B Q_C$$

$$RB = \overline{Q_C}$$

5.　实训步骤

（1）依据功能要求构建交通信号灯控制电路，并绘制仿真电路图。说明所用器件的作用。
（40 分）

（2）打开仿真开关，对交通信号灯控制电路进行仿真并调试。写出调试步骤，记录调试
中出现的问题及解决的方法。(40 分)

（3）列出交通信号灯控制电路的元器件清单。（10 分）

（4）能否用其他的集成计数器实现同样的交通信号灯功能，画出电路图，并进行仿真调
试。（10 分）

6.　实训参考电路

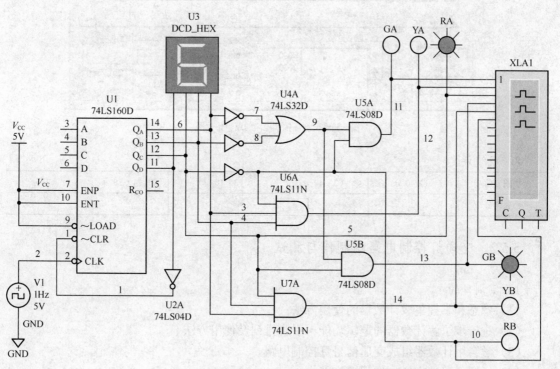

图 5.32　交通灯控制电路的逻辑连接图

7. 电路仿真图

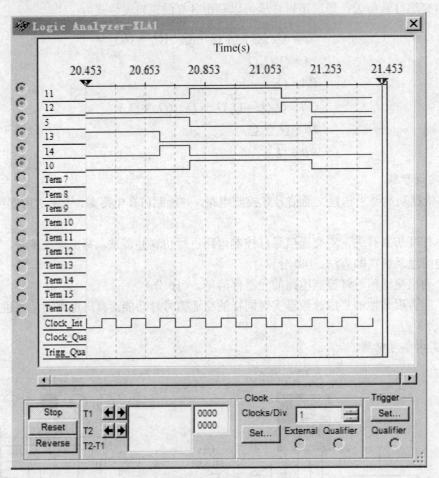

图 5.33　交通灯控制电路的逻辑仿真图

8. 成绩评定

小题分值	（1）40分	（2）40分	（3）10分	（4）10分	总分
小题得分					

5.5.2　交通灯控制电路的制作与测试

1. 实训目的

（1）熟悉和掌握集成计数器的使用方法

（2）进一步了解计数器的逻辑功能、引脚排列及使用方法

（3）学会用计数器组成交通信号灯控制电路

（4）了解元器件市场，增强咨询能力

2. 实训主要仪器设备

（1）+5V 直流电源

（2）数字电子实验装置　　　　一套

（3）集成电路、元器件（依据实训要求自行确定）　　　若干

（4）其他相关设备与导线

3．实训原理

见 5.5.1 节相关内容。

4．实训步骤

（1）利用给定实训材料，按照 5.5.1 节中图 5.32 构建并仿真、调试成功的交通灯控制电路连接电路，注意芯片的电源和地的位置。

（2）调试电路，实现交通信号灯控制电路功能。

（3）比较并分析实训结果与已经完成的仿真结果的异同。

5．实训报告

（1）画出交通信号灯控制实训电路图。（40 分）

（2）依据实际交通信号灯控制电路，列出元器件明细表。（20 分）

名　　称	型　　号	数　　量	价　　格	备　　注

注：价格栏，需学生到市场咨询调查后确定。

（3）整理交通信号灯控制电路的工作原理并进行描述。（20 分）

（4）对此交通信号灯控制电路的功能，可否用其他电路芯片实现？画出电路图。（20 分）

6．成绩评定

小题分值	（1）40 分	（2）20 分	（3）20 分	（4）20 分	总分
小题得分					

第三部分　总结与考核

知 识 小 结

1．时序逻辑电路由触发器和组合逻辑电路组成，而触发器不可缺少，组合逻辑电路可简可繁。

时序逻辑电路的输出不仅取决于该时刻的输入信号，还与电路的原来状态有关，它具有记忆功能。

2．描述时序逻辑电路逻辑功能的方法有逻辑图、状态方程、驱动方程、输出方程、状态转换真值表、状态转换图和时序图等。

3．时序逻辑电路的分析方法：写出驱动方程、输出方程、状态方程；列出状态转换真值表；画出时序图或状态转换图；写出逻辑功能说明。关键是求出状态方程和状态转换真值表。

4．计数器是用来统计输入时钟脉冲个数的电路。计数器不仅可以用来计数，也可以用来作脉冲信号的分频、程序控制、逻辑控制等。计数器按工作方式分，有同步计数器和异步计数器之分；按计数进制分，有二进制计数器、十进制计数器和任意进制计数器之分；按计数增减分，有加法计数器、减法计数器和可逆计数器之分。

5．中规模集成计数器的功能完善，使用方便灵活，可以很方便地构成任意进制计数器。当需要扩大计数器的容量时，可将多片集成计数器级联。

6．寄存器是用于存放二进制代码的逻辑电路，有单向移位寄存和双向移位存器之分。

自我检验题

一、填空题

1．数字电路按照是否有记忆功能通常可分为_____逻辑电路和_____逻辑电路。

2．根据计数过程中数字增减规律的不同，计数器可分为_____计数器、_____计数器和_____计数器 3 种。

3．寄存器是用以暂存二进制代码的电路，可分为_____寄存器和_____寄存器。

4．时序逻辑电路通常由_____和_____两部分组成。

5．时序逻辑电路中某计数器中的无效码若在开机时出现，不用人工或其他设备的干预，计数器能够很快自行进入_____，使无效码不再出现的能力称为_____能力。

6．可以用来暂时存放数据的器件称为_____，若要存储 4 位二进制代码，该器件必须有_____位触发器。

二、判断题

1．使用 3 个触发器构成的计数器最多有 8 个有效状态。 （   ）

2．时序逻辑电路含有记忆功能器件。 （   ）

3．集成计数器通常都具有自启动功能。 （   ）

4．利用一个 74LS90 可以构成一个十二进制计数器。 （   ）

5．同步时序逻辑电路中各触发器的时钟脉冲 CP 不一定相同。 （   ）

6．N 个触发器寄存的二进制数码的最大值为 $2N$。 （   ）

7．D 触发器的特征方程为 $Q^{n+1}=D$，与 Q^n 无关，因此，D 触发器不是时序逻辑电路。

（   ）

8．计数器的模是指构成计数器的触发器的个数。 （   ）

9．双向移位寄存器可同时执行左移和右移功能。 （   ）

10．时序逻辑电路的输出只取决于输入信号的现态。 （   ）

三、简答题

1．说明同步时序逻辑电路和异步时序逻辑电路有何不同？

2．什么是时序逻辑电路？有什么特点？

3．米里（Mealy）型和摩尔（Moore）型时序电路有何区别？

4．十进制计数器和 4 位二进制计数器有何异同？

5．集成计数器中，欲使计数器输出端为 0，有几种方法？

6．简述 74LS290 的功能。

四、分析题

1．已知时序电路如题 1 图所示。要求：

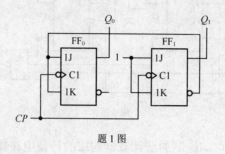

题 1 图

（1）说出此电路的类型；

（2）写出电路的时钟方程、驱动方程和次态方程；

（3）列出电路的功能转换真值表；

（4）画出状态转移图；

（5）指出电路功能。

2．题 2 图所示为由 JK 触发器构成的时序逻辑电路，请按下列要求分析电路。

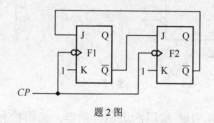

题 2 图

（1）说出此电路的类型。

（2）写出电路的驱动方程和次态方程。

（3）列出电路的功能转换真值表。

（4）画出状态转换图。

（5）检查自启动能力并指出电路功能。

3．试分析题 3 图所示的时序电路，画出在连续时钟脉冲的作用下，Q_1、Q_2、Q_3 输出的波形。

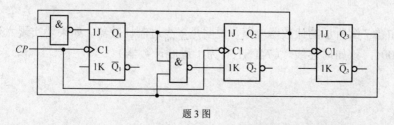

题 3 图

4. 试分析题 4 图所示的由边沿触发器组成的电路。列出状态转换表、画出状态转换图，并说明功能。

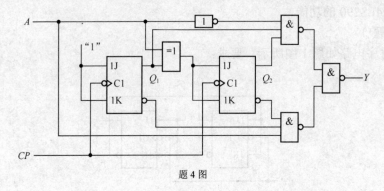

题 4 图

5. 用 74LS161 同步四位二进制加法计数器构成的计数电路如题 5 图所示，试分析说明其为几进制计数。

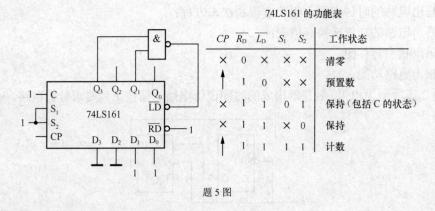

74LS161 的功能表

CP	$\overline{R_D}$	$\overline{L_D}$	S_1	S_2	工作状态
$\times$	0	$\times$	$\times$	$\times$	清零
$\uparrow$	1	0	$\times$	$\times$	预置数
$\times$	1	1	0	1	保持（包括 C 的状态）
$\times$	1	1	$\times$	0	保持
$\uparrow$	1	1	1	1	计数

题 5 图

6. 试用十进制计数器 74LS160 实现六进制计数器，起始状态 $D_3Q_2D_1D_0 = 0010$，画出状态转换图及连线图。74LS160 的引脚图见题 6 图。

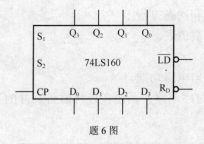

题 6 图

7. 分析如题 7 图所示的计数器电路，说明是多少进制计数器。如果要实现六进制计数器，$D_3D_2D_1D_0 = 0001$，该如何连线。（74LS160 为十进制计数器）

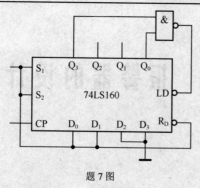

题 7 图

8. 试分析如题 8 图所示的计数器在 $M=0$ 和 $M=1$ 时分别为几进制计数器？分别写出状态转换图。（74LS160 为十进制计数器）

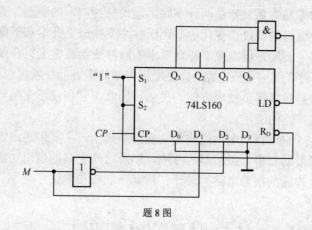

题 8 图

项目六 报警器的设计与制作

第一部分 相关知识

在数字系统中，经常需要各种宽度和幅值的矩形脉冲，如本项目工作任务中报警器电路发出的报警音，就是把矩形脉冲的电信号转换成声音信号的。获得脉冲波形的方法有两种：一种是利用多谐振荡器直接产生符合要求的矩形脉冲；另一种是通过整形电路对已有的波形整形、变换，使之符合系统的要求。

施密特触发器和单稳态触发器是两种不同用途的脉冲波形的整形、变换电路。施密特触发器主要用来将变化缓慢的或过快变化的非矩形脉冲变换成上升沿和下降沿都很陡峭的矩形脉冲；单稳态触发器主要用来将宽度不符合要求的脉冲变换成宽度符合要求的矩形脉冲。

555定时器是一种多用途集成电路，只要配接少量的阻容元件就可以构成施密特触发器、单稳态触发器和多谐振荡器等，使用方便、灵活。因此，它在波形变换与产生、测量控制、家用电器等方面都有广泛的应用。

本项目在介绍555定时器的电路结构和功能的基础上，主要讲述由555定时器构成施密特触发器、单稳态触发器和多谐振荡器的方法，以及这些电路的逻辑功能、特点及应用。最后介绍由555定时器构成的报警电路的设计、仿真、制作和测试。

6.1 555定时器的结构及工作原理

根据电路结构集成555定时器可分为两大类：一类为双极型（TTL）定时器，如5G555（单定时器）、5G556（双定时器）；另一类为单极型（CMOS）定时器，如CC7555（单定时器）、CC7556（双定时器）。两种类型的电路结构虽然不同，但工作原理和使用方法基本相同。下面以5G555为例介绍集成555定时器的电路组成、工作原理及应用。

1. 电路组成

图6.1（a）所示是5G555的逻辑电路图，它由5个部分组成：3个电阻R构成分压电路；运放 A_1 和 A_2 构成两个电压比较器；G_1 门和 G_2 门组成基本RS触发器；三极管VT构成开关电路；G_3 门为输出缓冲器。5G555的外引线端子排列如图6.1（b）所示。

（1）分压器

由3个5kΩ的电阻串联构成分压器，为运放 A_1 和 A_2 提供参考电压 U_{R1} 和 U_{R2}。在控制电压输入端CO悬空时，$U_{R1} = \dfrac{2}{3} U_{CC}$，$U_{R2} = \dfrac{1}{3} U_{CC}$；当CO端外接固定电压 U_{CO} 时，$U_{R1} = U_{CO}$，

$$U_{R2} = \frac{1}{2}U_{CO} \text{。}$$

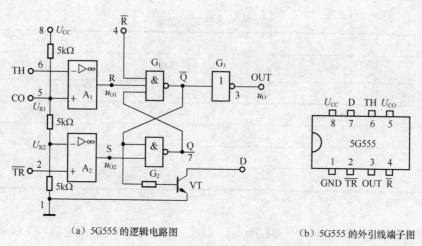

（a）5G555 的逻辑电路图　　　　　　（b）5G555 的外引线端子图

图 6.1 555 定时器电路结构和芯片外端子排列图

（2）电压比较器 A_1 和 A_2

这是两个高增益运算放大器，当放大器的同相输入端电位高于反相端输入电位时，运放输出为高电平 1；当放大器的同相输入端电位低于反相输入端电位时，运放输出为低电平 0。两个比较器的输出 u_{o1} 和 u_{o2} 分别作为基本 RS 触发器的复位端 R 和置位端 S 的输入。

（3）基本 RS 触发器

由与非门 G_1 和与非门 G_2 组成基本 RS 触发器。该触发器为低电平输入有效。

（4）泄放开关 VT

基本 RS 触发器置 1 时，三极管 VT 截止；基本 RS 触发器置 0 时，三极管 VT 导通，因此三极管 VT 是受基本 RS 触发器控制的泄放开关。

（5）缓冲器 G_3

为了提高电路的带负载能力，在输出端设置了缓冲器 G_3。

2．工作原理

在图 6.1（a）中，TH 是比较器 A_1 的输入端（也称阈值输入端），$\overline{TR}$ 是比较器 A_2 的输入端（也称触发输入端），$\overline{R}$ 为直接置 0 端，只要 $\overline{R}=0$，输出 u_O 便为低电平，正常工作时，$\overline{R}$ 端必须为高电平，此时，输出 u_O 取决于 TH 和 $\overline{TR}$ 的状态。

（1）给 $\overline{R}$ 端加低电平，即 $\overline{R}=0$，输出端复位 $Q=0$、$\overline{Q}=1$，输出 $u_O=0$，三极管 VT 饱和导通。

（2）当 $\overline{R}=1$、$u_{TH}>U_{R1}$、$u_{\overline{TR}}>U_{R2}$ 时，A_1 反向饱和，A_2 正向饱和，$R=0$，$S=1$，基本 RS 触发器被置 0，$Q=0$，$\overline{Q}=1$，输出 u_O 为低电平，同时 VT 饱和导通。

（3）当 $\overline{R}=1$、$u_{TH}<U_{R1}$、$u_{\overline{TR}}<U_{R2}$ 时，A_1 正向饱和，A_2 反向饱和，$R=1$，$S=0$，基本 RS 触发器被置 1，$Q=1$，$\overline{Q}=0$，输出 u_O 为高电平，同时 VT 截止。

（4）当 $\overline{R}=1$、$u_{TH}<U_{R1}$、$u_{\overline{TR}}>U_{R2}$ 时，A_1 和 A_2 均正向饱和，$R=1$，$S=1$，基本 RS 触

发器保持原状态不变，输出保持原状态不变。

根据上述分析，可以列出 5G555 的功能表如表 6.1 所示。

表 6.1　　　　　　　　　　　　　定时器 5G555 的功能表

输　入			输　出	
u_{TH}	$u_{\overline{TR}}$	$\overline{R}$	Q	VT
×	×	0	0	导通
$>U_{R1}$	$>U_{R2}$	1	0	导通
$<U_{R1}$	$<U_{R2}$	1	1	截止
$<U_{R1}$	$>U_{R2}$	1	保持	保持
$>U_{R1}$	$<U_{R2}$	1	不定	不定

＊：表中×代表任意状态。

在正常工作时，CO 端通常不加控制电压 U_{CO}，只通过 0.01μF 的电容将 CO 端接地，以旁路高频干扰。

6.2　施密特触发器

施密特触发器（Schmitt Trigger）是脉冲变换的常见电路，它可以将不规则的输入脉冲变成良好的矩形波。它的逻辑符号如图 6.2（a）所示，图 6.2（b）所示是输入输出波形，图 6.2（c）所示是传输特性。

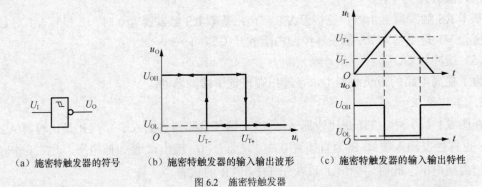

（a）施密特触发器的符号　　（b）施密特触发器的输入输出波形　　（c）施密特触发器的输入输出特性

图 6.2　施密特触发器

当输入信号高于 U_{T+} 时，电路输出低电平 U_{OL}；当输入信号低于 U_{T-} 时，电路输出高电平 U_{OH}。其中 U_{T+} 称为正向阈值，U_{T-} 称为负向阈值。

由传输特性可知：该电路有两个稳定的输出状态，输出高电平 U_{OH} 和输出低电平 U_{OL}。输出状态依赖于输入信号 U_I 的大小，电路没有记忆功能。

由图可见，U_{T+}、U_{T-} 不相等，两者存在一定的差值，这个差值被称为回差电压。施密特触发器在不同阈值翻转输出电平的性质被称为输入输出的回差特性。

6.2.1　用 555 定时器组成施密特触发器

1. 电路组成

将 555 定时器的 TH 与 $\overline{\text{TR}}$ 端连在一起作为电路输入端，将定时器的输出端作为施密特触发器的输出端，可得到图 6.3（a）所示的由 555 定时器构成的施密特触发器。

由于比较器 A_1 和 A_2 的参考电压不同，所以基本 RS 触发器的置 0 信号和置 1 信号必然发生在输入信号的不同电平。因此，输出电压 u_O 由高变低和由低变高所对应的输入 u_I 值亦不同。

图中 0.01μF 电容 C_0 的作用是稳定比较器的参考电压 U_{R1} 和 U_{R2}。

2. 工作原理

当 $U_I < U_{R2}$ 时，比较器 A_1 正向饱和，A_2 反向饱和，$R=1$，$S=0$，输出 u_O 为高电平，$Q=1$，$\overline{Q}=0$，触发器置 1。

当 $U_{R2} < U_I < U_{R1}$ 时，比较器 A_1 和 A_2 均正向饱和，$R=1$，$S=1$，输出保持原状态不变。

当 $U_I > U_{R1}$ 时，比较器 A_1 反向饱和，A_2 正向饱和，$R=0$，$S=1$，输出 u_O 为低电平，$Q=0$，$\overline{Q}=1$，触发器置 0。

施密特触发器的工作波形如图 6.3（b）所示。

由上述分析可知，5G555 构成的施密特触发器从 $Q=1$ 转为 $Q=0$ 的正向阈值电压为 $U_{T+} = U_{R1} = \dfrac{2}{3}U_{CC}$，从 $Q=0$ 转为 $Q=1$ 的负向阈值电压为 $U_{T-} = U_{R2} = \dfrac{1}{3}U_{CC}$。因此，其回差电压为：

$$\Delta U_T = U_{T+} - U_{T-} = \frac{2}{3}U_{CC} - \frac{1}{3}U_{CC} = \frac{1}{3}U_{CC} \tag{6.1}$$

施密特触发器的电压传输特性如图 6.3（c）所示。

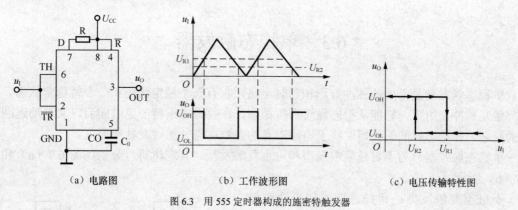

（a）电路图　　　　　　（b）工作波形图　　　　　　（c）电压传输特性图

图 6.3　用 555 定时器构成的施密特触发器

6.2.2　施密特触发器的应用

1. 波形变换

利用施密特触发器状态转换过程中的正反馈作用，可以把三角波、正弦波及其他不规则

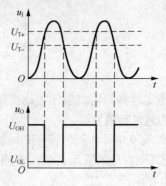

图 6.4 用施密特触发器实现波形变换

信号变成矩形脉冲。图 6.4 中，输入信号由直流分量和正弦分量叠加而成，只要输入信号的幅度大于 U_{T+}，就可在施密特触发器的输出端得到同频率的矩形脉冲信号。

2. 脉冲整形

在数字系统中，矩形脉冲经传输后往往会发生波形畸变，利用施密特触发器的回差特性，可以将受到干扰的信号整形成较好的矩形脉冲，如图 6.5 所示。

3. 幅度鉴别

将一系列幅度各异的脉冲加到施密特触发器的输入端，如果要求将幅度大于 U_{T+} 的脉冲信号挑选出来，将幅度小于 U_{T+} 的脉冲信号去掉，则可用施密特触发器对输入脉冲的幅度进行鉴别，如图 6.6 所示。

施密特触发器能将幅度大于 U_{T+} 的脉冲选出来，具有脉冲鉴幅的能力。

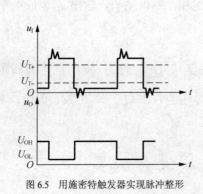

图 6.5 用施密特触发器实现脉冲整形

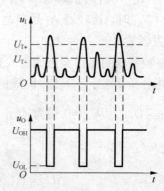

图 6.6 用施密特触发器实现幅度鉴别

6.3 单稳态触发器

单稳态触发器是常用的脉冲整形和延时电路，它有一个稳定状态和一个暂稳定状态。在外界触发脉冲作用下，它能从稳态翻转到暂稳态，在暂稳态维持一定时间后，又自动返回原来的稳态。暂稳态时间的长短取决于电路本身的参数，与外加触发脉冲无关。

单稳态触发器分为不可重复触发型和可重复触发型，其逻辑符号分别如图 6.7（a）和图 6.7（b）所示。

不可重复触发型：暂稳态期间如再次被触发，对原暂稳态时间无影响，输出脉冲宽度 t_w 仍从第一次触发开始计算。

可重复触发型：暂稳态期间如再次被触发，输出脉冲宽度可在此前暂稳态时间的基础上再展宽 t_w。

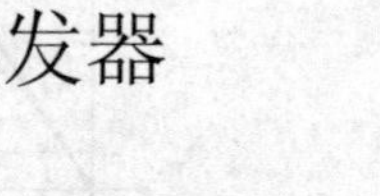

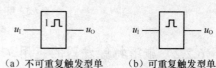

（a）不可重复触发型单稳态触发器逻辑符号　　（b）可重复触发型单稳态触发器逻辑符号

图 6.7 单稳态触发器的逻辑符号

6.3.1 用 555 定时器组成单稳态触发器

1. 电路组成

将 555 定时器的 $\overline{TR}$ 端作为电路输入端,将内部泄放开关 VT 与电阻 R 组成的反相器输出 D 接至 TH,并利用电容 C 上的电压 u_C 控制 TH 端,就构成了如图 6.8(a)所示的单稳态触发器。此电路是用输入脉冲的下降沿触发。

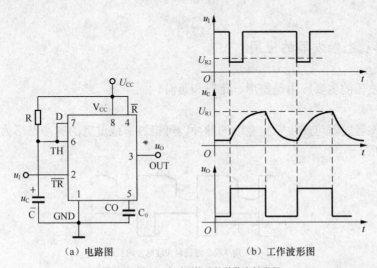

| (a)电路图 | (b)工作波形图 |

图 6.8 用 555 定时器构成的单稳态触发器

2. 工作原理

(1)稳态

在没有施加触发信号 u_I,即 $u_I=1$ 时。此时,接通电源,电容 C 开始充电,当 $u_C > U_{R1}$ 时,比较器 A_1 反向饱和,$R=0$。由于 $u_I=1$,A_2 正向饱和,$S=1$,输出 u_O 为低电平,触发器置 0,$Q=0$,$\overline{Q}=1$,三极管 VT 导通,电容 C 迅速放完电,$u_C=0$,使比较器 A_1 正向饱和。$u_I=1$,A_2 也正向饱和,$R=1$,$S=1$,触发器保持 $Q=0$,$\overline{Q}=1$ 的状态不变。此后,若 u_I 不变,则电路维持这一状态,故 $Q=0$、$\overline{Q}=1$ 的状态为稳定状态(简称稳态)。

(2)由稳态进入暂稳态

在 $Q=0$,$\overline{Q}=1$ 的状态下,给 u_I 一个负电平,$u_I=0$,则比较器 A_2 反向饱和,$S=0$(此后使 u_I 恢复到高电平 1)。由于 $u_C=0$,比较器 A_1 正向饱和,$R=1$,触发器置 1,$Q=1$,$\overline{Q}=0$。

(3)暂稳态的维持

触发器置 1 使三极管 VT 截止,电容 C 开始充电。当 $u_C < U_{R1}$ 时,定时器处于保持功能,维持 $Q=1$、$\overline{Q}=0$ 的状态,电容继续充电。

(4)由暂稳态自动返回稳态

当 $u_C > U_{R1}$ 时,比较器 A_1 再次反向饱和,A_2 正向饱和,$R=0$,$S=1$,则输出 u_O 又转为低电平,触发器置 0,三极管 VT 导通,电容 C 迅速放电,$u_C=0$,使比较器 A_1 正向饱和。

由于 u_I=1，A_2 也正向饱和，R=1，S=1，触发器保持 Q=0，$\overline{Q}$=1 的状态不变。此后，重复前述过程。

触发器输出 Q=1，$\overline{Q}$=0 的状态只维持了一段时间，由于电容充电电压的升高，使输出状态重新回到了输出 Q=0、$\overline{Q}$=1 的状态，故 Q=1、$\overline{Q}$=0 的状态称为暂稳态（简称暂态）。

单稳态触发器的工作波形如图 6.8（b）所示。

单稳态触发器输出脉冲的宽度可用下式估算：

$$t_w = RC\ln 3 \approx 1.1RC$$

6.3.2 单稳态触发器的应用

单稳态触发器的主要应用是整形、定时和延时。

1. 脉冲整形

利用单稳态触发器可产生一定宽度的脉冲，可把过窄或过宽的脉冲整形为固定宽度的脉冲，如图 6.9 所示。

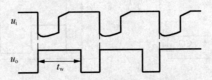

图 6.9　用单稳态触发器实现脉冲的整形

2. 脉冲延迟

脉冲延迟电路一般要用两个单稳触发器完成，其原理图如图 6.10（a）所示，图 6.10（b）是输入 u_i 的波形和延迟后的输出 u_o 的波形。假设第一个单稳输出脉宽整定在 t_{w1}，则输入脉冲 u_i 被延迟 t_{w1}，输出脉宽则由第二个单稳态触发器定时值 t_{w2} 决定。

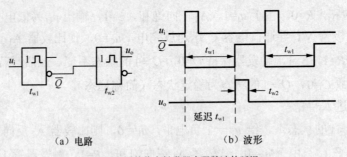

（a）电路　　　　　　　　　　　（b）波形

图 6.10　用单稳态触发器实现脉冲的延迟

3. 脉冲定时

单稳态触发器能够产生一定宽度 t_w 的矩形脉冲，利用这个脉冲去控制某一电路，则可使它在 t_w 时间内动作（或者不动作），因此可用于定时器。

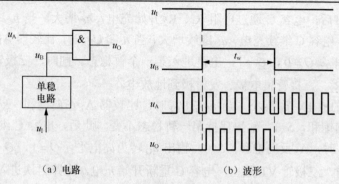

（a）电路　　　　　　　　　　（b）波形

图 6.11　用单稳态触发器实现定时

6.4　多谐振荡器

多谐振荡器又称矩形脉冲发生器。在同步时序电路中，矩形脉冲作为时钟信号控制和协调整个系统的工作。由于多谐振荡器的两个输出状态自动交替转换，故其又被称为无稳态触发器。

6.4.1　用 555 定时器组成多谐振荡器

1. 电路组成

利用 555 定时器构成的多谐振荡器如图 6.12（a）所示，图中 R_1、R_2 和 C 为外接电阻和电容，构成电路的定时元件。

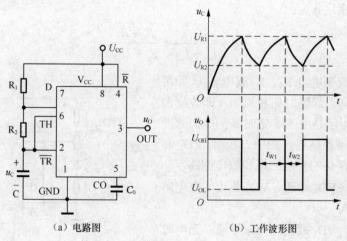

（a）电路图　　　　　　　　　　（b）工作波形图

图 6.12　用 555 定时器组成的多谐振荡器

2. 工作原理

设电容 C 的初始电压 $u_C=0$，则 $u_{TH} < U_{R1}$、$u_{\overline{TR}} < U_{R2}$，电路的初始状态为 $Q=1$、$\overline{Q}=0$。

接通电源 U_{CC} 后，电容 C 通过电阻 R_1、R_2 开始充电，u_C 增大，当 $u_C \geq U_{R2}$ 时，A_2 正向饱和，$S=1$。此后，电容 C 继续充电，u_C 继续增大，当 $u_C \geq U_{R1}$ 时，比较器 A_1 反向饱和，$R=0$，输出 u_O 转为低电平，$Q=0$，$\overline{Q}=1$，电路进入第一个暂稳态。同时，三极管 VT 饱和导通，电容 C 通过电阻 R_2、三极管集电极、发射极到地放电。

随着电容 C 的放电，u_C 减小，当 $u_C \leq U_{R1}$ 时，比较器 A_1 正向饱和，$R=1$，但此时 u_C 仍大于 U_{R2}，A_2 正向饱和，$S=1$，输出保持第一暂稳态不变。此后，电容 C 继续放电，u_C 继续减小，当 $u_C \leq U_{R2}$ 时，A_2 反向饱和，$S=0$，输出 u_O 转为高电平，$Q=1$，$\overline{Q}=0$，电路进入第二个暂稳态。同时，三极管 VT 截止，电容 C 重新开始充电，电路再次进入第一个暂稳态。以后重复上述过程，电路输出状态周而复始地在两个暂稳态之间转换，从输出端即可得到矩形脉冲信号。

电路的工作波形如图 6.12（b）所示。

由上述分析可知，电容 C 上的电压在 $U_{R2} = \dfrac{1}{3}U_{CC}$ 和 $U_{R1} = \dfrac{2}{3}U_{CC}$ 之间变化，输出脉冲的宽度 t_{w1} 为：

$$t_{w1} = (R_1 + R_2)C \ln 2 \approx 0.7(R_1 + R_2)C \tag{6.2}$$

脉冲间隔时间 t_{w2} 为：

$$t_{w2} = R_2 C \ln 2 \approx 0.7 R_2 C \tag{6.3}$$

脉冲周期 T 和频率 f 为：

$$T = t_{w1} + t_{w2} \approx 0.7(R_1 + 2R_2)C \tag{6.4}$$

$$f = \frac{1}{T} \approx \frac{1}{0.7(R_1 + 2R_2)C} \tag{6.5}$$

矩形波的占空比 q 为：

$$q = \frac{t_{w1}}{t_{w1} + t_{w2}} = \frac{R_1 + R_2}{R_1 + 2R_2} \tag{6.6}$$

由此可见，改变电阻 R_1、R_2 或电容 C 即可改变脉冲作用时间、间隔时间和周期（即改变占空比）。图 6.13 所示是用 555 定时器构成的脉冲占空比可调的多谐振荡器，图中二极管 VD_1 和 VD_2 分别构成电容 C 的充电回路和放电回路。

电容充电时，VD_1 导通，VD_2 截止，充电时间为 $t_{w1} \approx 0.7 R_1 C$。

电容放电时，VD_1 截止，VD_2 导通，充电时间为 $t_{w2} \approx 0.7 R_2 C$。

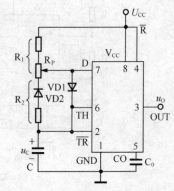

图 6.13　用 555 定时器组成占空比可调的多谐振荡器

输出波形的占空比为 $q = \dfrac{t_{w1}}{t_{w1} + t_{w2}} = \dfrac{R_1}{R_1 + R_2}$。

调节电位器，可获得任意占空比的矩形脉冲。当 $R_1 = R_2$ 时，$q = 50\%$。

6.4.2　多谐振荡器的应用

多谐振荡器是一种常用的自激脉冲振荡电路，无需外加输入信号，只要接通电源，就能自动产生矩形脉冲，在很多方面都有广泛应用。本节介绍 3 种简单的多谐振荡器应用电路。

1.　液位报警器

生产实践中，往往需要对容器中的液体有一定的限制，以防引发事故。图 6.14 所示是一种液位报警器的电路图，当液位过低时，该电路会自动发出报警声。

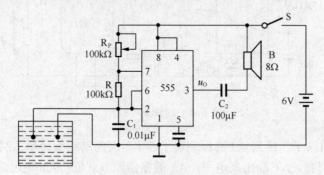

图 6.14　液位报警器

工作原理：555 定时器接成多谐振荡器。通常液面正常时，探测电极浸入要控制的液体中，使电容 C_1 短路，不能充放电，多谐振荡器不能正常工作，扬声器无声。当液面低至电极以下时，探测极开路，多谐振荡器正常工作发出报警声，提示电位过低。

该电路只适用于导电液体的情况。调节电位器 R_P，即可调节输出声音的频率。

2.　简易电子琴

图 6.15 所示是一种玩具电子琴电路图，该电路很容易做到一个八度的音程，输出功率也较大。图中 555 定时器接成一个多谐振荡器，输出的方波直接送到扬声器，效率较高。

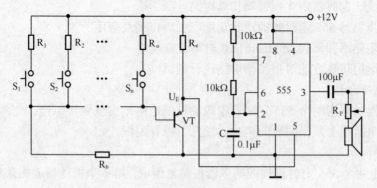

图 6.15　简易电子琴

图中 555 定时器的控制电压输入端 Uco 受三极管 VT 组成的射极输出器的控制，空键时，晶体管饱和导通，Uco 电压为 0.3V，使多谐振荡器停振。当有按键按下时，三极管 VT 进入放大状态，Uco 的控制电压因按键电阻不同而不同，不同的电压对应不同的频率，扬声器就能发出不同的音阶。与扬声器相串联的电位器 R_P 可用来调整输出音量的高低。

3. 救护车音响电路

图 6.16 所示是用两片 555 定时器组成的救护车音响电路，用低频振荡器 A1 去控制高频振荡器 A2。

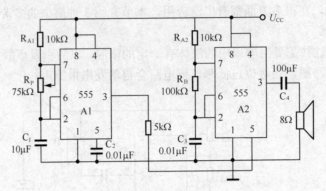

图 6.16　救护车音响电路

由于 A1 的输出端子 3 接到 A2 的控制端子 5 上，因此高频振荡器 A2 的振荡频率就受到低频振荡器 A1 的调制，A1 输出高电平，A2 的振荡频率就低；A1 输出低电平，A2 的振荡频率就高。这样扬声器就发出高低相间、周而复始的"嘀、嘟、嘀、嘟"的声音。

第二部分　工作任务

6.5　报警器电路的 Multisim10.0 仿真分析

1. 实训目的

（1）构建 555 定时器声光报警器仿真电路

（2）进一步熟悉 555 定时器的逻辑功能、引脚排列及应用

（3）进一步熟悉和掌握 Multisim10.0 电路仿真技能

（4）掌握运用仿真方法对报警器电路进行调试

2. 报警电路介绍

声光报警器是利用两个 555 定时器组成的振荡电路，实现异步工作，使两个振荡器间歇振荡，这样蜂鸣器就会发出间歇的声响，发光二极管闪烁。

3. 功能要求

（1）电路由两个 555 定时器构成的多谐振荡器组成，第一个振荡器的振荡频率为 1～2Hz时，第二个振荡器的振荡频率为 1000Hz。

（2）电路要完成发声报警和发光报警两个功能。

4. 实训步骤

（1）依据功能要求构建声光报警电路，并绘制仿真电路图。说明所用器件的作用。（40 分）

（2）打开仿真开关，对声光报警器进行仿真并调试。写出调试步骤，记录调试中出现的

问题及解决的方法。(40 分)

（3）列出声光报警器电路的元器件清单。（10 分）

（4）能否用 555 定时器实现其他的触摸报警器或防盗报警器电路？设计出相关电路并进行仿真调试。（10 分）

5．实训参考电路

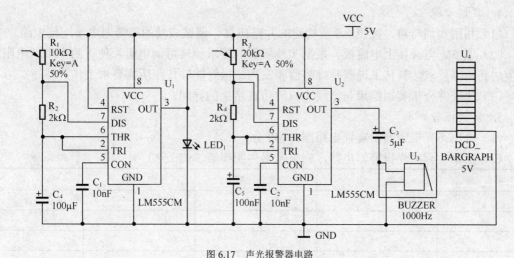

图 6.17　声光报警器电路

图中 U_4 为条形光柱，是为看出蜂鸣器的仿真效果而设置的。

6．成绩评定

小题分值	（1）40 分	（2）40 分	（3）10 分	（4）10 分	总分
小题得分					

6.6　报警器电路的设计与制作

1．实训目的

（1）进一步了解 555 定时器的逻辑功能、引脚排列及使用方法

（2）用 555 定时器设计报警器电路

（3）了解元器件市场，根据电路参数进行元器件采购并检测

（4）学会电子线路的制作和测试调整，提高实践技能

2．实训主要仪器设备

（1）+5V 直流电源

（2）数字电子实验装置　　　一套

（3）集成电路、元器件（依据实训要求自行确定）　　　若干

（4）其他相关设备与导线

3．实训原理

555 定时器的逻辑功能见 6.1 节。

由 555 定时器构成的多谐振荡器及其振荡频率的相关知识见 6.4 节。

声光报警电路由两个 555 多谐振荡器组成，第一个振荡器的振荡频率为 1～2Hz 时，第二个振荡器的振荡频率为 1000Hz。将第一个振荡器的输出（3 脚）接到第二个振荡器的复位端（4 脚）。输出高电平时，第二个振荡器振荡；输出低电平时，第二个振荡器停振。这样，蜂鸣器将发出间歇声响。

4. 实训步骤

（1）利用实训材料，按照 6.5 节构建的并已仿真、调试成功的报警器电路连接电路。

（2）用 5V 电源接上电路板，根据实验所需的要求旋转可调电阻，使得两个可调电阻的阻值达到所需要求，具体来说就是蜂鸣器和发光二极管能够按照所需要求工作。

（3）比较并分析实训结果与已经完成的仿真结果的异同。

5. 实训报告

（1）画出声光报警器的实训电路图。（40 分）

（2）依据实际声光报警器电路，列出元器件明细表。（20 分）

名　　称	型　　号	数　　量	价　　格	备　注

注：价格栏，需学生到市场咨询调查后确定。

（3）整理报警器电路的工作原理并描述。（20 分）

（4）将电路改进成具有触摸报警功能的电路，应如何实现？画出电路图。（10 分）

（5）比较并分析实训结果与已经完成的仿真结果的异同。（10 分）

6. 成绩评定

小题分值	（1）40 分	（2）20 分	（3）20 分	（4）10 分	（5）10 分	总分
小题得分						

第三部分　总结与考核

知 识 小 结

本章主要介绍了 555 定时器的结构和功能，以及用 555 定时器构成施密特触发器、单稳态触发器和多谐振荡器的方法。

1. 555 定时器是一种多用途的集成电路，只需外接少量阻容元件便可构成施密特触发器、单稳态触发器和多谐振荡器等多种实用电路。由于 555 定时器使用方便、灵活，有较强的负载能力和较高的触发灵敏度，因此，其在自动控制、仪器仪表、家用电器等许多领域都有着广泛的应用。

2. 施密特触发器和单稳态触发器是两种常用的整形电路。

　　施密特触发器具有回差特性，它有两个稳态状态，有两个不同的触发电平。施密特触发器可将任意波形变换成矩形脉冲，输出脉冲宽度取决于输入信号的波形和回差电压的大小。施密特触发器还可用来进行幅度鉴别和整形。实用中，常选用集成施密特触发器或采用 555 定时器构成施密特触发器。

　　单稳态触发器有一个稳定状态和一个暂稳定状态，其输出脉冲的宽度只取决于电路本身 R、C 定时元件的值，与输入信号没有关系。输入信号只起让触发电路进入暂稳态的作用。改变 R、C 定时元件的值可以调节输出脉冲的宽度。单稳态触发器可将输入的触发脉冲变换为宽度和幅度都符合要求的矩形脉冲，常用于脉冲的定时、整形和展宽等。

　　3．多谐振荡器没有稳定状态，只有两个暂稳定状态。暂稳态间的相互转换完全靠电路本身电容的充电和放电自动完成。因此，多谐振荡器接通电源后就能输出周期性的矩形脉冲。改变 R、C 定时元件的值，可调节振荡频率。

自我检验题

一、填空题

1．定时器的型号中 555 是_____产品，7555 是_____产品。

2．常见的脉冲产生电路有_____，常见的脉冲整形电路有_____、_____。

3．施密特触发器在不同阈值翻转输出电平的性质称为输入输出的_____特性。

4．施密特触发器的主要应用有_____、_____、_____。

5．单稳态触发器有两个工作状态，分别是_____和_____。

6．单稳态触发器的主要应用是_____、_____、_____。

二、判断题

1．施密特触发器有两个稳态。　　　　　　　　　　　　　　　　　　　　（　　）

2．多谐振荡器的输出信号的周期与阻容元件的参数成正比。　　　　　　　（　　）

3．单稳态触发器的暂稳态时间与输入触发脉冲的宽度成正比。　　　　　　（　　）

4．单稳态触发器的暂稳态维持时间与电路的 RC 成正比。　　　　　　　　（　　）

5．施密特触发器的正向阈值电压一定大于负向阈值电压。　　　　　　　　（　　）

三、选择题

1．555 定时器构成的单稳态触发器的输出脉宽 t_w 为（　　　）。

　　A．1.3RC　　　　　　B．1.1RC　　　　　　C．0.7RC　　　　　　D．RC

2．单稳态触发器有（　　　）。

　　A．两个稳定状态　　　　　　　　　　B．一个稳定状态，一个暂稳定状态

　　C．两个暂稳定状态　　　　　　　　　D．记忆二进制数的功能

3．多谐振荡器与单稳态触发器的区别之一是（　　　）。

　　A．前者有 2 个稳态，后者只有 1 个稳态

　　B．前者没有稳态，后者有 2 个稳态

　　C．前者没有稳态，后者只有 1 个稳态

　　D．两者均只有 1 个稳态，但后者的稳态需要一定的外界信号维持

4．555 定时器构成的单稳态触发器，若电源电压为+6V，则当暂稳态结束时，定时电容 C 上的电压 V_C 为（　　）。

    A．6 V   B．0 V   C．2 V   D．4 V

5．用 555 定时器组成施密特触发器，当输入控制端 CO 外接 10V 电压时，回差电压为（　　）。

    A．3.33 V   B．5V   C．6.66 V   D．10 V

四、简述题

1．简述多谐振荡器的特点，其振荡频率主要由哪些元件参数决定？为什么？

2．单稳态触发器有什么特点？它主要有哪些用途？

3．施密特触发器有什么特点？它主要有哪些用途？

4．5G555 定时器的电路结构由哪几部分组成？各部分有什么作用？

五、分析题

1．在图 6.3（a）所示的用 555 定时器接成的施密特触发器电路中，试求：

（1）当 $V_{CC}=12V$ 而且没有外接控制电压时，V_{T+}、V_{T-} 及 ΔV_T 的值。

（2）当 $V_{CC}=9V$，外接控制电压 $V_{CO}=5V$ 时，V_{T+}、V_{T-}、ΔV_T 各为多少？

2．试用 5G555 定时器设计一个多谐振荡器，要求输出脉冲的频率为 1kHz，占空比为 60%，电源电压 $U_{CC}=10V$。画出电路，计算外接元件的数值。（取电容 $C=1\mu F$）

3．5G555 定时器的管脚连接如下图所示，现给出输入脉冲波 u_A 和 u_B 波形如下图所示，试对应画出脉冲 u_O 的波形。

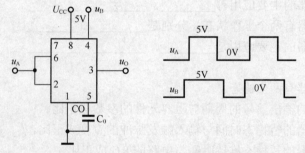

4．下图所示为用 5G555 构成的"叮咚"门铃电路，试分析其工作原理。

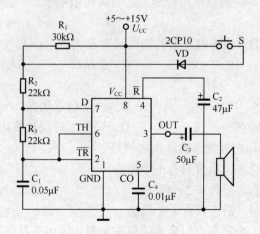

项目七　简易数字电压表的设计与制作

第一部分　相关知识

随着数字电子技术的发展，用计算机实现生产过程的自动控制越来越普遍。无论是工业生产还是办公室办公文书文档的管理、企业管理乃至通信、生物工程、医疗等各个方面，几乎都借助数字计算机来完成。而计算机只能接收、处理和输出数字信号，因此在用计算机处理某些物理量之前，必须把这些物理量，如工业过程中的温度、压力、流量，通信系统中的语言、图像、文字等转换成数字量，才能由计算机系统处理；而计算机处理后的数字量也必须再还原成相应的模拟量，才能实现对模拟量的控制。

将模拟信号转换为数字信号的电路称为模拟-数字转换器，简称 ADC（Analog to Digital Converter）或 A/D 转换器；将数字信号转换为模拟信号的电路称为数字-模拟转换器，简称 DAC（Digital to Analog Converter）或 D/A 转换器。

ADC 和 DAC 是计算机用于工业控制的重要接口电路，是数字控制系统中不可缺少的组成部分。另外，ADC 和 DAC 在数字通讯、遥控、遥测、数字化测量仪表、图像信号的处理与识别以及语音信号处理等方面也有广泛的应用。

本项目将主要介绍几种常见 D/A 转化器和 A/D 转换器的基本原理和主要技术参数，最后配合工作任务介绍 ADC 芯片的选择和使用。

7.1　D/A 转换器

7.1.1　D/A 转化器的基本概念

D/A 转换器将输入的二进制数字信号转换成模拟信号，并以电压或电流的形式输出，因此，D/A 转换器可以看做是一个译码器。一般常用的是线性 D/A 转换器，其输出模拟电压 U 和输入数字量 D 之间呈正比关系，即 $U=kD$，其中 k 为常数。

D/A 转换器的一般结构如图 7.1 所示，图中数据锁存器用来暂时存放输入的数字信号，这些数字信号控制数字位模拟开关，将参考电压按位切换到电阻译码网络中变成加权电流，然后经运放求和，输出相

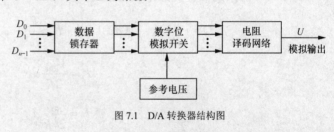

图 7.1　D/A 转换器结构图

应的模拟电压，完成 D/A 转换过程。

DAC 的类型分有权电阻网络 DAC、T 型电阻网络 DAC 和倒 T 型电阻网络 DAC 等。

7.1.2　二进制权电阻网络 D/A 转换器

在第一项目的学习当中，我们已经讲过，一个多位二进制数中每一位的 1 所代表的数值大小称为这一位的权。如果一个 N 位的二进制数用 $D_n=d_{n-1}d_{n-2}d_{n-3}\cdots d_1d_0$ 表示，则从其最高位（Most Significant Bit，MSB）到最低位(Least Significant Bit，LSB)的权将依次为 2^{n-1}、2^{n-2}、$\cdots$、2^1、2^0。

图 7.2 是 4 位权电阻网络 D/A 转换器的原理图，它由权电阻网络、4 个模拟开关和 1 个求和放大器组成。

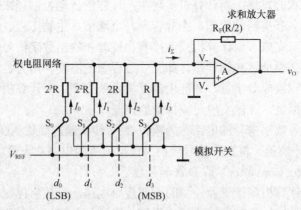

图 7.2　权电阻网络 D/A 转换器

S_3、S_2、S_1 和 S_0 是 4 个电子开关，它们的状态分别受输入代码 d_3、d_2、d_1、d_0 取值的控制，代码为 1 时开关接参考电压 V_{REF}，代码为 0 时开关接地。故 d_i=1 时有支路电流 I_i 流向放大器，d_i=0 时，支路电流为零。

求和放大器是一个接成负反馈的运算放大器。为了简化分析计算，可以把运算放大器近似地看成是理想放大器，即它的开环放大倍数为无穷大，输入电流为零（输入电阻为无穷大），输出电阻为零，当同相输入端 V_+ 的电位高于反相输入端 V_- 的电位时，输出端对地的电压 v_O 为正；当 V_- 高于 V_+ 时，v_O 为负。当参考电压经电阻网络加到 V_- 时，只要 V_- 稍高于 V_+，便在 v_O 产生负的输出电压。v_O 经 R_F 反馈到 V_- 端使 V_- 降低，其结果必然使 $V_-\approx V_+=0$。

在认为运算放大器输入电流为零的条件下可以得到：

$$v_O = -R_F i_\Sigma = -R_F(I_3 + I_2 + I_1 + I_0) \tag{7.1}$$

由于 $V_-\approx 0$，因而各支路电流分别为：

$$I_3 = \frac{V_{REF}}{R}d_3 \quad (d_3\text{=1 时，}I_3 = \frac{V_{REF}}{R}\text{；}d_3\text{=0 时，}I_3\text{=0})$$

$$I_2 = \frac{V_{REF}}{2R}d_2$$

$$I_1 = \frac{V_{REF}}{2^2 R}d_1$$

$$I_0 = \frac{V_{REF}}{2^3 R} d_0$$

将它们代入式（7.1）并取 $R_F = \frac{R}{2}$，则得到：

$$v_O = -\frac{V_{REF}}{2^4}(d_3 2^3 + d_2 2^2 + d_1 2^1 + d_0 2^0) \qquad (7.2)$$

对于 N 位的权电阻网络 D/A 转换器，当反馈电阻 $R_F = \frac{R}{2}$ 时，输出电压的计算公式可写成

$$v_O = -\frac{V_{REF}}{2^n}(d_{n-1} 2^{n-1} + d_{n-2} 2^{n-2} + \cdots + d_1 2^1 + d_0 2^0) = -\frac{V_{REF}}{2^n} D_n \qquad (7.3)$$

上式表明，输出的模拟电压正比于输入的数字量 D，从而实现了从数字量到模拟量的转换。

当 $D_n = 0$ 时，$v_O = 0$；当 $D_n = 11\cdots11$ 时，$v_O = -\frac{2^n-1}{2^n} V_{REF}$，故 v_O 的最大变化范围是 0 到 $-\frac{2^n-1}{2^n} V_{REF}$。

从公式（7.3）可以看到，当 V_{REF} 为正电压时，输出电压 v_O 始终为负值，要想得到正的输出电压，可以将 V_{REF} 取负值。

权电阻网络 D/A 转换器的优缺点如下所述。

优点：结构比较简单，所用的电阻数很少。

缺点：各个电阻值相差大，难以保证精度，且大电阻不宜集成在 IC 内部。

7.1.3　R-2R T 型网络 D/A 转换器

图 7.3 所示为 4 位 T 型电阻网络 DAC 的电路图，它由电阻网络、模拟开关和求和放大器 3 部分组成。与权电阻网络相比，除电阻网络呈 T 形外，它只有 R 和 $2R$ 两种阻值的电阻，这对集成工艺是非常有利的。

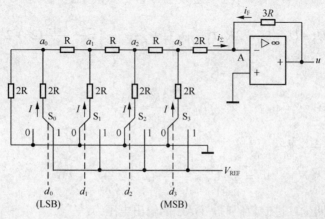

图 7.3　R-2R T 型电阻网络转换器

每个支路由一个电阻和一个模拟开关串联而成，各模拟开关分别受对应位输入数码的控制。当数码 d_i 为 1 时，开关接通参考电压源 V_{REF}；当数码 d_i 为 0 时，开关接地。

T 型电阻网络的特点有以下几点。

（1）从任一节点向左、向右或向下对地的等效电阻相等，均为 $2R$。

（2）基准电压源 V_{REF} 经过任一模拟开关对地的等效电阻相等，均为 $3R$。基准电压源 V_{REF} 提供给任一支路的电流均为 $I = \dfrac{V_{\text{REF}}}{3R}$，该电流流入每一节点后再等分成左、右两路电流。

下面分析 T 型电阻 DAC 的工作原理。假设输入数字信号为 $d_3d_2d_1d_0$=1000，此时只有 S_3 接至 V_{REF}，而 S_2、S_1、S_0 均接地，基准电压源 V_{REF} 提供的电流 I 经过 a_3 节点一次分流后到达 Σ 点形成的电流和电压分量分别为：

$$I_3 = \frac{I}{2}, \quad U_3 = I_3 \cdot 2R = 2R \cdot \frac{I}{2^1}$$

当输入数字信号为 $d_3d_2d_1d_0$=0100 时，只有 S_2 接至 V_{REF}，其余开关均接地，基准电压源 V_{REF} 提供的电流 I 经过 a_2、a_3 节点两次分流后到达 Σ 点形成的电流和电压分量分别为：

$$I_2 = \frac{I}{2^2}, \quad U_2 = I_2 \cdot 2R = 2R \cdot \frac{I}{2^2}$$

当输入数字信号为 $d_3d_2d_1d_0$=0010 时，只有 S_1 接至 V_{REF}，其余开关均接地，基准电压源 V_{REF} 提供的电流 I 经过 a_1、a_2、a_3 节点三次分流后到达 Σ 点形成的电流和电压分量分别为：

$$I_1 = \frac{I}{2^3}, \quad U_1 = I_1 \cdot 2R = 2R \cdot \frac{I}{2^3}$$

当输入数字信号为 $d_3d_2d_1d_0$=0001 时，在 Σ 点形成的电流和电压分量分别为：

$$I_0 = \frac{I}{2^4}, \quad U_0 = I_0 \cdot 2R = 2R \cdot \frac{I}{2^4}$$

当 $d_3d_2d_1d_0$=1111 时，根据叠加原理，在 Σ 点产生的总电流 I_Σ 和总电压 U_Σ 为：

$$I_\Sigma = I_3 + I_2 + I_1 + I_0 = I\left(\frac{1}{2^1} + \frac{1}{2^2} + \frac{1}{2^3} + \frac{1}{2^4}\right) = \frac{V_{\text{REF}}}{3R} \cdot \frac{1}{2^4}(2^3 + 2^2 + 2^1 + 2^0)$$

$$U_\Sigma = U_3 + U_2 + U_1 + U_0 = 2R \cdot I\left(\frac{1}{2^1} + \frac{1}{2^2} + \frac{1}{2^3} + \frac{1}{2^4}\right) = \frac{2}{3} \cdot \frac{V_{\text{REF}}}{2^4}(2^3 + 2^2 + 2^1 + 2^0)$$

运算器的放大倍数：

$$A_{\text{f}} = -\frac{3R}{2R} = -\frac{3}{2}$$

则运放的输出电压为：

$$u_O = A_{\text{f}} \cdot U_\Sigma = -\frac{V_{\text{REF}}}{2^4}(2^3 + 2^2 + 2^1 + 2^0)$$

当输入为任意四位二进制数码时，DAC 的输出电压为：

$$u_{\mathrm{O}} = -\frac{V_{\mathrm{REF}}}{2^4}(2^3 d_3 + 2^2 d_2 + 2^1 d_1 + 2^0 d_0) \tag{7.4}$$

推广到 n 位 DAC，同样可得：

$$u_{\mathrm{O}} = -\frac{V_{\mathrm{REF}}}{2^n}(2^{n-1} d_{n-1} + 2^{n-2} d_{n-2} + \cdots + 2^1 d_1 + 2^0 d_0) \tag{7.5}$$

由式（7.5）可见，输入数字量在输出端得到了与之成正比的模拟量，完成了数/模转换。T 形电阻 DAC 在实际应用时，由于在动态转换过程中，各支路从开关接通、电流形成到运放输入电压稳定地建立，需要一定的传输时间，因而在位数较多时将影响 D/A 转换器的工作速度。同时不同位的电子开关需要的传输时间不等，可能在输出端产生一定的尖峰干扰脉冲，影响转换精度。因此，T 型电阻网络 DAC 的使用受一定限制。

7.1.4　D/A 转换器的主要技术参数

1. 分辨率

分辨率用输入二进制数的有效位数表示。在分辨率为 n 位的 D/A 转换器中，输出电压能区分 2^n 个不同的输入二进制代码状态，能给出 2^n 个不同等级的输出模拟电压。

分辨率也可以用 D/A 转换器的最小输出电压 U_{LSB} 与最大输出电压 U_{FSR} 的比值来表示，即

$$分辨率 = \frac{U_{\mathrm{LSB}}}{U_{\mathrm{FSR}}} = \frac{1}{2^n - 1} \tag{7.6}$$

当 U_{FSR} 一定时，输入数字代码的位数越多，分辨率越高，分辨能力越强。

2. 转换精度

DAC 的转换精度与转换误差有关，是指 D/A 转换器的实际输出模拟电压值与理论值的最大误差，它是一个综合指标，包括零点误差，增益误差，不仅与 D/A 转换器中元件参数的误差有关，还与环境温度、集成运放的零点漂移以及转换器的位数有关。通常要求 D/A 转换器的误差小于 $U_{\mathrm{LSB}}/2$。

3. 输出建立时间

从输入数字信号起，到输出电压或电流到达稳定值所需要的时间，称为输出建立时间。通常以大信号工作下，输入由全 0 变为全 1 或由全 1 变为全 0 时，输出电压达到某一规定值所需的时间作为输出建立时间。

7.1.5　集成 D/A 转换器

根据 DAC 的位数、速度不同，集成 DAC 可以有多种型号。DAC0832 是常用的集成 DAC，它是用 CMOS 工艺制成的双列直插式单片八位 DAC，由一个八位输入寄存器、一个八位 DAC 寄存器和一个八位 D/A 转换器组成，D/A 转换器采用了倒 T 形 R-2R 电阻网络。由于 DAC0832 有两个可以分别控制的数据寄存器，因此在使用时有较大的灵活性，可根据需要接成不同的工作方式，可以直接与 8080、8085、MCS51 等微处理器相连接。它的结构框图和管脚排列图如图 7.4 所示。

DAC0832 中无运算放大器，且是电流输出，因此使用时需外接运算放大器。芯片中已设置了 R_f，只要将 9 脚接到运算放大器的输出端即可。若运算放大器增益不够，还需外加反馈电阻。

1. DAC0832 各引脚的功能

（1）ILE：输入锁存允许信号，输入高电平有效。

（2）$\overline{CS}$：片选信号，输入低电平有效。

（3）$\overline{WR_1}$：输入寄存器写信号，输入低电平有效。

（4）$\overline{WR_2}$：DAC 寄存器写信号，输入低电平有效。

（5）$\overline{XFER}$：数据传送控制信号，输入低电平有效，控制 $\overline{WR_2}$ 选通 DAC 寄存器。在 $\overline{WR_2}=0$，$\overline{XFER}=0$ 期间，DAC 寄存器才处于接收信号、准备锁存阶段。

（6）$D_7 \sim D_0$：8 位输入数据信号。

（7）V_{REF}：参考电压输入。一般此端外接一个精确、稳定的基准电压源。V_{REF} 可在 $-10 \sim$ $+10V$ 选择。

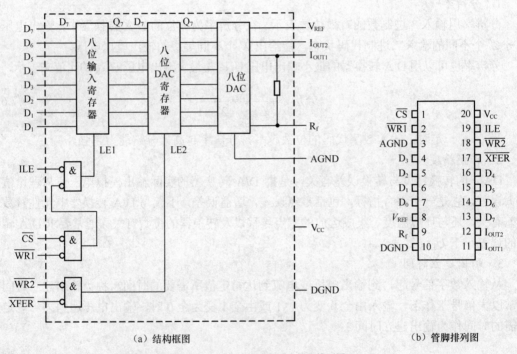

（a）结构框图　　　　　　　　　　　　　　　　　（b）管脚排列图

图 7.4　DAC0832 的结构图和管脚排列图

（8）R_f：反馈电阻（内已含一个反馈电阻）接线端。

（9）I_{out1}：DAC 输出电流。此输出信号一般作为运算放大器的一个差分输入信号。当 DAC 寄存器中的各位为 1 时，电流最大；为全 0 时，电流为 0。

（10）I_{out2}：DAC 输出电流。它作为运算放大器的另一个差分输入信号（一般接地）。

（11）V_{CC}：电源输入端（一般取 $+5V$）。

（12）DGND：数字地。

（13）AGND：模拟地。

从 DAC0832 的内部控制逻辑分析可知：当 ILE、$\overline{CS}$ 和 $\overline{WR_1}$ 同时有效时，输入数据从 $D_7 \sim D_0$ 进入输入寄存器；当 $\overline{WR_2}$ 和 $\overline{XFER}$ 同时有效时，输入寄存器的数据进入 DAC 寄存器。八位 D/A 转换电路随时将 DAC 寄存器的数据转换为模拟信号（$I_{out1} + I_{out2}$）输出。

2. DAC0832 的使用

DAC0832 有双缓冲器型、单缓冲器型和直通型 3 种工作方式，如图 7.5 所示。

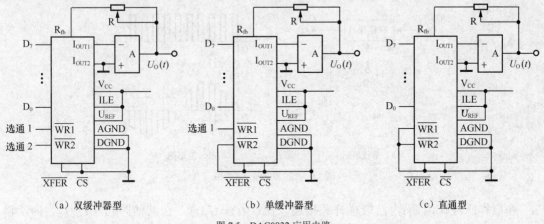

（a）双缓冲器型　　　　　　（b）单缓冲器型　　　　　　（c）直通型

图 7.5　DAC0832 应用电路

（1）双缓冲器型如图 7.5（a）所示。首先 $\overline{WR_1}$ 接低电平，将输入数据先锁存在输入寄存器中。当需要转换时，再将 $\overline{WR_1}$、$\overline{WR_2}$ 接低电平，将数据送入 DAC 寄存器中，并进行转换，故工作方式为两级缓冲方式。

（2）单缓冲器如图 7.5（b）所示。DAC 寄存器处于常通状态，当需要 D/A 转换时，将 $\overline{WR_1}$ 接低电平，使输入数据经输入寄存器直接存入 DAC 寄存器中，并进行转换。工作方式为单缓冲方式，即通过控制一个寄存器的锁存，使两个寄存器同时选通及锁存。

（3）直通型如图 7.5（c）所示。两个寄存器都处于常通状态，输入数据直接经两个寄存器到达 DAC 进行转换，故工作方式为直通方式。

实际应用时，要根据控制系统的要求来选择工作方式。

7.2　A/D 转换器

7.2.1　采样、保持、量化及编码

A/D 转换将模拟信号转换为数字信号。转换过程包括采样、保持、量化和编码 4 个步骤。通常采样和保持是利用同一电路连续进行的，量化和编码是在转换过程中同时实现的。

1. 采样和保持

采样（也称取样或抽样）是将时间上连续变化的信号转换为时间上离散的信号，即将时间上连续变化的模拟量转换为一系列等间隔的脉冲，脉冲的幅度取决于输入模拟量，其过程

如图 7.6 所示。图中 $U_I(t)$ 为输入模拟信号，$S(t)$ 为采样脉冲，$U_o'(t)$ 为取样后的输出信号。

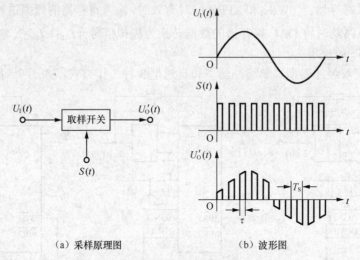

（a）采样原理图 　　　　　　　　　（b）波形图

图 7.6　采样原理图及波形图

在取样脉冲作用期 τ 内，取样开关接通，使 $U_o'(t) = U_I(t)$，在其他时间（$\tau \sim T_S$）内，输出 $U_o'(t) = 0$。因此，每经过一个取样周期，对输入信号取样一次，在输出端便得到输入信号的一个取样值。为了不失真地恢复原来的输入信号，根据取样定理，一个频率有限的模拟信号，其取样频率 f_S 必须大于等于输入模拟信号包含的最高频率的两倍，即取样频率必须满足 $f_S \geqslant 2f_{max}$。

模拟信号经采样后，得到一系列样值脉冲。采样脉冲宽度 τ 一般是很短暂的，在下一个采样脉冲到来之前，应暂时保持所取得的样值脉冲幅度，以便进行转换。因此，在取样电路之后需加保持电路。图 7.7（a）所示是一种常见的取样保持电路。

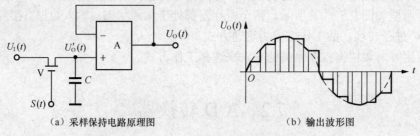

（a）采样保持电路原理图 　　　　　　（b）输出波形图

图 7.7　基本采样保持电路

图 7.7（a）中，场效应管 V 为采样门，电容 C 为保持电容，运算放大器为跟随器，起缓冲隔离作用。在取样脉冲 $S(t)$ 到来的时间 τ 内，场效应管 V 导通，输入模拟量 $U_I(t)$ 为电容充电。假定充电时间常数远小于 τ，那么 C 上的充电电压能及时跟上 $U_I(t)$ 的采样值。采样结束，V 迅速截止，电容 C 上的充电电压就保持了前一取样时间 τ 的输入 $U_I(t)$ 的值，一直到下一个取样脉冲到来为止。当下一个取样脉冲到来后，电容 C 上的电压再次跟随输入 $U_I(t)$ 变化。在输入一连串取样脉冲序列后，取样保持电路的缓冲放大器输出电压 $U_o(t)$，得到如图 7.7（b）所示的波形。

2. 量化和编码

输入的模拟电压经过取样保持后，得到的是阶梯波。由于阶梯的幅度是任意的，将会有无限个数值，因此，该阶梯波仍是一个可以连续取值的模拟量。另外，由于数字量的位数有限，只能表示有限个数值（n 位数字量只能表示 2^n 个数值），因此，用数字量来表示连续变化的模拟量时就有一个类似于四舍五入的近似问题。所以必须将取样后的样值电平归化到与之接近的离散电平上，这个过程称为量化。指定的离散电平称为量化电平。用二进制数码来表示各个量化电平的过程称为编码。两个量化电平之间的差值称为量化间隔 S，位数越多，量化等级越细，S 就越小。取样保持后未量化的 U_O 值与量化电平 U_q 值通常是不相等的，其差值称为量化误差 δ，即 $\delta = U_O - U_q$。把量化的数值用二进制代码表示，称为编码，这一过程由编码器来实现。

7.2.2　V-T 型双积分式 A/D 转换器

1. 电路组成

双积分型 ADC 的转换原理是先将模拟电压 U_I 转换成与其大小成正比的时间间隔 T，再利用基准时钟脉冲通过计数器将 T 变换成数字量。因此，双积分 ADC 属于电压-时间变换型（简称 V-T 型）ADC。图 7.8 所示是双积分型 ADC 的原理框图，它由积分器、零值比较器、时钟控制门 G 和计数器（计数定时电路）等部分构成。

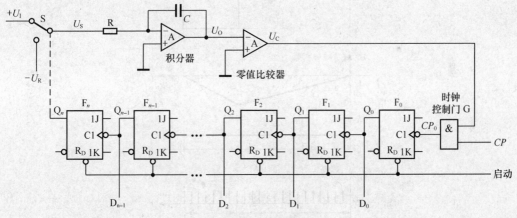

图 7.8　双积分型 A/D 转换器原理图

（1）积分器

积分器由运算放大器和 RC 积分网络组成，是转换器的核心。它的输入端接开关 S，开关 S 受触发器 F_n 的控制，当 $Q_n = 0$ 时，S 接输入电压 $+U_I$，积分器对输入信号电压 $+U_I$（正极性）进行积分（正向积分）；当 $Q_n = 1$ 时，S 接基准电压 $-U_R$（负极性），积分器对基准电压 $-U_R$ 进行积分（负向积分）。因此，积分器在一次转换过程中进行两次方向相反的积分。积分器输出 U_O 接零值比较器。

（2）零值比较器

当积分器输出 $U_O \leqslant 0$ 时，零值比较器输出 $U_C = 1$；当积分器输出 $U_O > 0$ 时，零值比较器

输出 U_C=0。零值比较器输出 U_C 作控制门 G 的门控信号。

（3）时钟控制门 G

时钟控制门 G 有两个输入端：一个接标准时钟脉冲源 CP，另一个接零值比较器输出 U_C。当零值比较器输出 U_C=1 时，G 门开，标准时钟脉冲通过 G 门加到计数器；当零值比较器输出 U_C=0 时，G 门关，标准时钟脉冲不能通过 G 门加到计数器，计数器停止计数。

（4）计数器（计数定时电路）

计数器由 $n+1$ 个触发器构成。触发器 $F_{n-1}\cdots F_1 F_0$ 构成 n 位二进制计数器，触发器 F_n 实现对 S 的控制。计数定时电路在启动脉冲的作用下，全部触发器被置 0，触发器 F_n 输出 Q_n=0，使开关 S 接输入电压+U_I，同时 n 位二进制计数器开始计数（设电容 C 上初始值为 0，并开始正向积分，则此时 U_O≤0，比较器输出 U_C=1，G 门开）。当计数器计入 2^n 个脉冲后，触发器 $F_{n-1}\cdots F_1 F_0$ 状态由 $1\cdots11$ 回到 $0\cdots00$，F_{n-1}（Q_{n-1}）触发 F_n，使 Q_n=1，发出定时控制信号，使开关转接至-U_R，触发器 $F_{n-1}\cdots F_1 F_0$ 再从 $0\cdots00$ 开始计数，并开始负向积分，U_O 逐步上升。当积分器输出 U_O>0 时，零值比较器输出 U_C=0，G 门关，计数器停止计数，完成一个转换周期，把与输入模拟信号+U_I 平均值成正比的时间间隔转换为数字量。图 7.9 所示为双积分 ADC 的工作波形。

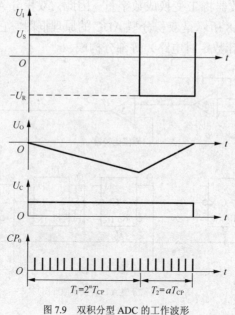

图 7.9 双积分型 ADC 的工作波形

2. 工作原理

（1）第一次积分

在启动脉冲作用下，将全部触发器置 0，由于触发器 F_n 输出 Q_n=0，使开关 S 接输入电压+U_I，A/D 转换开始。+U_I 加到积分器的输入端后，积分器对+U_I 进行正向积分。由于此时 U_O≤0，比较器输出 U_C=1，G 门开，n 位二进制计数器开始计数。一直到 $t = T_1 = 2^n T_{CP}$（T_{CP} 为时钟周期）时，触发器 $F_{n-1}\cdots F_1 F_0$ 状态回到 $0\cdots00$，而触发器 F_n 由 0 翻转为 1。由于 Q_n=1，使开关转接至-U_R。至此，取样阶段结束。由图可求得 U_O 为

$$U_{\mathrm{O}} = \frac{1}{\tau} \int_0^{T_1} U_{\mathrm{I}} \mathrm{d}t \tag{7.7}$$

式中，$\tau = RC$ 为积分时间常数。

当 $+U_{\mathrm{I}}$ 为正极性不变常量时，$t = T_1$ 时的 $U_{\mathrm{O}}(T_1)$ 值为

$$U_{\mathrm{O}}(T_1) = -\frac{T_1}{\tau} U_{\mathrm{I}} = -\frac{2^n T_{\mathrm{CP}}}{RC} U_{\mathrm{I}} \tag{7.8}$$

（2）第二次积分

开关转至 $-U_{\mathrm{R}}$ 后，积分器对基准电压进行负向积分，积分器输出为

$$U_{\mathrm{O}}(t) = U_{\mathrm{O}}(T_1) - \frac{1}{\tau} \int_{T_1}^{t} (-U_R) \mathrm{d}t = -\frac{2^n T_{\mathrm{CP}}}{RC} U_I + \frac{U_R}{RC}(t - T_1) \tag{7.9}$$

当 $U_{\mathrm{O}} > 0$ 时，零值比较器输出 $U_{\mathrm{C}} = 0$，G 门关，计数器停止计数，完成一个转换周期。假设此时计数器已记录了 a 个脉冲，则可求得 $T_2 = t - T_1 = aT_{\mathrm{CP}}$，代入上式，得

$$U_O(t_2) = -\frac{2^n T_{\mathrm{CP}}}{RC} U_I + \frac{U_R}{RC} aT_{\mathrm{CP}} = 0 \tag{7.10}$$

解得

$$a = \frac{2^n}{U_R} U_I \tag{7.11}$$

由上式可见，计数器记录的脉冲数 a 与输入电压 $+U_{\mathrm{I}}$ 成正比。计数器记录 a 个脉冲后的状态就表示了 $+U_{\mathrm{I}}$ 的数字量的二进制代码，从而实现了 A/D 转换。

双积分型 A/D 转换器有很多优点，首先，其转换结果与时间常数 RC 无关，从而消除了由于谐波电压非线性带来的误差，允许积分电容在一个较宽范围内变化，而不影响转换结果；其次，由于输入信号积分的时间较长，且是一个固定值 T_1，而 T_2 正比于输入信号在 T_1 内的平均值，这对叠加在输入信号上的干扰信号有很强的抑制能力；最后，这种 A/D 转换器不必采用高稳定度的时钟源，它只要求时钟源在一个转换周期（$T_1 + T_2$）内保持稳定即可。

这种 A/D 转换器被广泛应用于精度要求较高而转换速度要求不高的仪器中。

7.2.3　逐次逼近型转换器

逐次逼近型 ADC 的结构框图如图 7.10 所示，它包括 4 个部分：电压比较器、D/A 转换器、逐次逼近寄存器和控制逻辑。

逐次逼近型 ADC 是将大小不同的参考电压与输入模拟电压逐步进行比较，比较结果以相应的二进制代码表示。转换前先将寄存器清零；转换开始后，控制逻辑将寄存器的最高位置 1，使其输出为 100...0。这个数码被 D/A 转换器转换成相应的模拟电压 U_{O}，送到比较器与输入 U_{I} 进行比较。若 $U_{\mathrm{O}} > U_{\mathrm{I}}$，则说明寄存器输出数码过大，故将最高位的 1 变成 0，同时将次高位置 1；若 $U_{\mathrm{O}} < U_{\mathrm{I}}$，则说明寄存器输出数码还不够大，应将这一位的 1 保留，以此类推将下一位置 1 进行比较，直到最低位为止。比较结束，寄存器中的状态就是转化后的数字输出。此比较过程与用天平称量一个物体重量时的操作一样，只不过是用的"砝码重量"一

次减半。

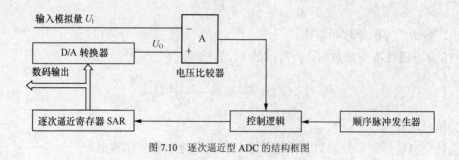

图 7.10 逐次逼近型 ADC 的结构框图

例 7.1 三位逐次逼近型 A/D 转换器如图 7.11 所示，分析其工作原理。

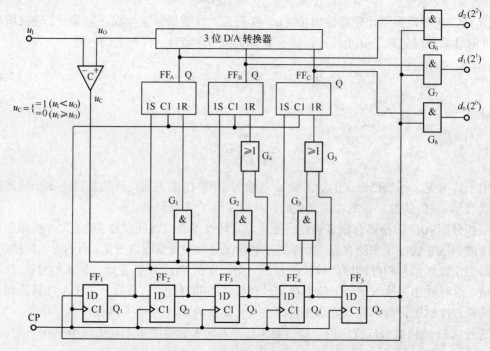

图 7.11 三位逐次逼近型 A/D 转换器

解： 其工作原理如下所述。

转换开始前，先使 $Q_1=Q_2=Q_3=Q_4=0$，$Q_5=1$，第一个 CP 到来后，$Q_1=1$，$Q_2=Q_3=Q_4=Q_5=0$，于是 FF_A 被置 1，FF_B 和 FF_C 被置 0。这时加到 D/A 转换器输入端的代码为 100，并在 D/A 转换器的输出端得到相应的模拟输出电压 u_O。u_O 和 u_i 在比较器中比较，当 $u_i<u_O$ 时，比较器输出 $u_C=1$；当 $u_i≥u_O$ 时，$u_C=0$。

第二个 CP 到来后，环形计数器右移一位，变成 $Q_2=1$，$Q_1=Q_3=Q_4=Q_5=0$，这时门 G_1 打开，若原来 $u_C=1$，则 FF_A 被置 0；若原来 $u_C=0$，则 FF_A 的 1 状态保留。与此同时，Q_2 的高电平将 FF_B 置 1。

第三个 CP 到来后，环形计数器又右移一位，一方面将 FF_C 置 1，同时将门 G_2 打开，并根据比较器的输出决定 FF_B 的 1 状态是否应该保留。

第四个 *CP* 到来后，环形计数器 Q_4=1，Q_1=Q_2=Q_3=Q_5=0，门 G_3 打开，根据比较器的输出，决定 FF_C 的 1 状态是否应该保留。

第五个 *CP* 到来后，环形计数器 Q_5=1，Q_1=Q_2=Q_3=Q_4=0，FF_A、FF_B、FF_C 的状态作为转换结果，通过门 G_6、G_7、G_8 送出。

7.2.4　A/D 转换器的主要技术指标

1. 分辨率

分辨率指 A/D 转换器对输入模拟信号的分辨能力。从理论上讲，一个 *n* 位二进制数输出的 A/D 转换器应能区分输入模拟电压的 2^n 个不同量级，能区分的输入模拟电压的最小差异为满量程输入时的 $U_{FSR}/2^n$（FSR：满量程输入）。在最大输入电压一定时，输出位数越多，量化单位越小，分辨率越高。例如，A/D 转换器的输出为 12 位二进制数，最大输入模拟信号为 10V，则其分辨率为

$$分辨率 = \frac{1}{2^{12}} \times 10V = \frac{10V}{4096} = 2.44mV$$

2. 转换速度

转换速度是指完成一次转换所需的时间。转换时间是从接到转换启动信号开始，到输出端获得稳定的数字信号所用的时间。A/D 转换器的转换速度主要取决于转换电路的类型，不同类型 A/D 转换器的转换速度相差很大。双积分型 A/D 转换器的转换速度最慢，需几百毫秒；逐次逼近式 A/D 转换器的转换速度较快，需几十微秒；并联型 A/D 转换器的转换速度最快，仅需几十纳秒。

3. 相对精度（转换误差）

相对精度是指实际的各个转换点偏离理想特性的误差。在理想情况下，输入模拟信号的所有转换点应当在一条直线上，但实际的特性不能做到。相对精度是指实际的转换点偏离理想特性的误差。显然，误差越小，相对精度越高。

7.2.5　集成 A/D 转换器

CC14433 是 CMOS 双积分式 $3\frac{1}{2}$ 位 A/D 转换器，$3\frac{1}{2}$ 是指输出数字量为四位十进制数，最高位仅有 0 和 1 两种状态，而低三位有 0～9 十种状态。它将构成数字和模拟电路的 7700 多个 MOS 晶体管集成在一个硅芯片上，芯片有 24 只引脚，采用双列直插式，其引脚排列如图 7.12 所示。

各引脚功能说明如下：

V_{AG}（1 脚）：被测电压 V_X 和基准电压 V_R 的参考地。

V_R（2 脚）：外接基准电压（2V 或

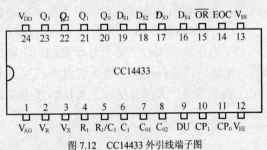

图 7.12　CC14433 外引线端子图

200mV）输入端。

V_X（3 脚）：被测电压输入端。

R_1（4 脚）、R_1/C_1（5 脚）、C_1（6 脚）：外接积分阻容元件端。

$C_1=0.1\mu F$（聚酯薄膜电容器），$R_1=470k\Omega$（2V 量程）；$R_1=27k\Omega$（200mV 量程）。

C_{01}（7 脚）、C_{02}（8 脚）：外接失调补偿电容端，典型值 $0.1\mu F$。

DU（9 脚）：实时显示控制输入端。若与 EOC（14 脚）端连接，则每次 A/D 转换均显示。

CP_1（10 脚）、CP_0（11 脚）：时钟振荡外接电阻端，典型值为 $470k\Omega$。

V_{EE}（12 脚）：电路的电源最负端，接–5V。

V_{SS}（13 脚）：除 CP 外所有输入端的低电平基准（通常与 1 脚连接）。

EOC（14 脚）：转换周期结束标记输出端，每一次 A/D 转换周期结束，EOC 输出一个正脉冲，宽度为时钟周期的二分之一。

$\overline{OR}$（15 脚）：过量程标志输出端，当 $|V_X|>V_R$ 时，输出为低电平。

$D_{S4}\sim D_{S1}$（16~19 脚）：多路选通脉冲输入端，D_{S1} 对应于千位，D_{S2} 对应于百位，D_{S3} 对应于十位，D_{S4} 对应于个位。

$Q_0\sim Q_3$（20~23 脚）：BCD 码数据输出端，D_{S2}、D_{S3}、D_{S4} 选通脉冲期间，输出三位完整的十进制数；在 D_{S1} 选通脉冲期间，输出千位 0 或 1 及过量程、欠量程和被测电压极性标志信号。

CC14433 具有自动调零和自动极性转换等功能，可测量正或负的电压值。当 CP_1、CP_0 端接入 $470k\Omega$ 电阻时，时钟频率约为 66kHz，每秒钟可进行 4 次 A/D 转换。CC14433 的使用和调试简便，能与微处理机或其他数字系统兼容，广泛用于数字面板表、数字万用表、数字温度计、数字量具、遥测及遥控系统。

第二部分　工作任务

7.3　三位半数字电压表的设计与 Multisim10.0 仿真分析

1. 实训目的

（1）构建三位半数字电压表仿真电路

（2）熟悉集成 A/D 转换器 CC14433、精密基准电压源等元器件的功能、引脚排列与应用

（3）进一步熟悉和掌握 Multisim10.0 的电路仿真技能

（4）掌握运用仿真方法对三位半数字电压表电路进行调试

2. 数字电压表介绍

数字电压表是以数字形式显示被测直流电压的大小和极性的测试仪表，由于它具有测量准确、灵敏、快速和使用方便等优点而获得了十分广泛的应用。其组成如下图 7.13 所示。数字电压表主要由三大部分组成：A/D 转换器、译码驱动电路和显示电路，其核心部分是 A/D 转换器。

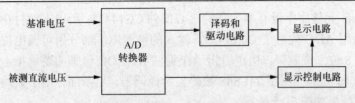

图 7.13 数字电压表的组成方框图

3. 功能要求

$3\frac{1}{2}$ 位直流数字电压表定时对所检测的电压取样，然后通过 A/D 转换，用 4 位十进制数字显示被测模拟电压值，其最高位数码管只显示"+"号、"-"号和指示"0"或"1"，因此称之为半位，其电压量程有 1.999V 和 199.9mV 两挡。

4. 实训步骤

（1）依据功能要求构建数字电压表电路，并绘制仿真电路图。说明所用器件的作用。（40 分）

（2）打开仿真开关，对数字电压表电路进行仿真并调试。写出调试步骤，记录调试中出现的问题及解决的方法。(40 分)

（3）列出数字电压表电路元器件清单。（10 分）

（4）要使量程扩大，电路应如何改动？ （10 分）

5. 实训参考电路

$3\frac{1}{2}$ 位直流数字电压表的电路原理图如图 7.14 所示。CC14433 为双积分型 A/D 转换器，被测直流电压 V_X 经 A/D 转换后以动态扫描的形式输出，数字量输出端 $Q_0Q_1Q_2Q_3$ 上的数字信号按照先后顺序以 BCD 码形式输出。CC4511 为七段译码器，MC1403 为集成精密稳压电源，MC1413 为小功率达林顿管驱动器，用于驱动 LED 数码管。当参考电压 V_R 为 2V 时，满量程显示 1.999V；当参考电压 V_R 为 200mV 时，满量程显示 199.9mV。

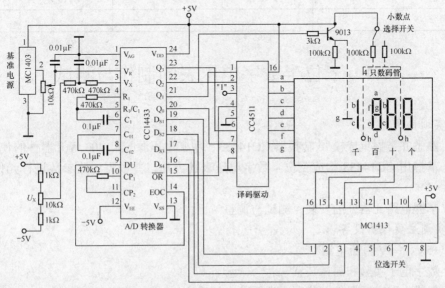

图 7.14 $3\frac{1}{2}$ 位直流数字电压表的电路原理图

由于 Multisim 元件库中没有本电路的核心部件 CC14433，所以本教材在仿真时进行了简化，使用 8 位通用 ADC 代替了 CC14433，输入的被测电压部分用可调电位器实现，经过模数转换，输出为 8 位二进制码，用逻辑指示探头显示，EOC 引脚的逻辑指示探头为完成一次AD 转换的指示，译码部分用了 74LS48 数码显示译码器，显示部分用了数码管显示对应的十六进制数。仿真结果如图 7.15 所示。

对整体电路进行仿真，可先在 Multisim 元件库中创建出 CC14433、MC1413 等元件。

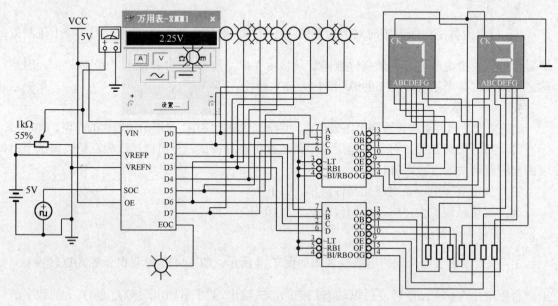

图 7.15 数字电压表简化的仿真电路

6. 成绩评定

小题分值	（1）40 分	（2）40 分	（3）10 分	（4）10 分	总分
小题得分					

7.4 三位半数字电压表的制作与测试

1. 实训目的

（1）熟悉并掌握集成模/数转换器 CC14433、精密电压源 MC1403 等元器件的使用

（2）掌握用 CC14433 构成三位半数字电压表的方法，并根据电路参数进行元件采购与检测

（3）掌握电路元器件的安装、测试与调整

2. 实训主要仪器设备

（1）+5V、−5V 直流电源

（2）数字电子实验和测试装置   一套

（3）集成电路、元器件（依据实训要求自行确定）   若干

（4）其他相关设备与导线

3．实训原理

V-T 变换型双积分 A/D 转换器见 7.2.2 节相关内容。

CC14433 的引脚排列、功能和使用见 7.2.5 节相关内容。

4．实训步骤

（1）利用给定实训材料，按照 7.3 节设计的三位半数字电压表连接电路，注意芯片的电源和地的位置。

（2）调试电路，完成三位半数字电压表功能。

（3）比较并分析实训结果与已经完成的仿真结果的异同。

5．实训报告

（1）画出三位半数字电压表实训电路图。（40 分）

（2）依据实际三位半数字电压表电路，列出元器件明细表。（20 分）

名　　称	型　　号	数　　量	价　　格	备　　注

注：价格栏，需学生到市场咨询调查后确定

（3）整理三位半数字电压表的工作原理并描述。（20 分）

（4）若要实现四位半数字电压表的功能，电路应如何变动？列出所需元件，画出电路原理图。（20 分）

6．成绩评定

小题分值	（1）40 分	（2）20 分	（3）20 分	（4）20 分	总分
小题得分					

第三部分　总结与考核

知 识 小 结

本项目主要讨论了数字集成电路中常用的 D/A 和 A/D 转换器，它们是现代电子系统的重要组成部分，是沟通模拟量和数字量的桥梁，在计算机接口以及各种控制、检测和信号处理系统中有着广泛的应用。

1．D/A 转换是将输入的数字量转换为与之成正比的模拟量。常用的 DAC 主要有权电阻网络 DAC、R-2R T 形电阻网络 DAC、R-2R 倒 T 形电阻网络 DAC 和权电流网络 DAC。其中，后两者转换速度快，性能好，被广泛采用。权电流网络 DAC 的转换精度高，性能最佳。

2．A/D 转换是将输入的模拟量转换为与之成正比的数字量。常用的 ADC 主要有并联比较型、双积分型和逐次逼近型。其中，并联比较型 ADC 的转换速度最快，但价格较贵；双积分型 ADC 的转换速度慢，但精度高、抗干扰能力强；逐次逼近型 ADC 的转换速度较快、精度较高、价格适中，被广泛采用。

3．A/D 转换要经过采样、保持、量化和编码 4 步。采样-保持电路对输入模拟信号抽取样值，并展宽（保持）；量化是对样值脉冲进行分级，编码是将分级后的信号转换成二进制代码。在对模拟信号采样时，必须满足采样定理：采样脉冲的频率 f_S 必须大于输入模拟信号最高频率分量的 2 倍，这样才能不失真地恢复出原模拟信号。

4．DAC 和 ADC 的分辨率和转换精度都与转换器的位数有关，位数越多，分辨率和精度越高。基准电压 V_{REF} 是重要的应用参数，尤其是在 A/D 转换中，它的值对量化误差、分辨率都有影响。

自我检验题

一、填空题

1．D/A 转换器的主要性能指标为_____、_____和_____。

2．DAC 中最小输出电压是指当输入数字量_____时的输出电压。

3．将模拟信号转换为数字信号，需要经过_____、_____、_____和_____四个过程。

4．任一个 D/A 转换器都含有三个基本部分，分别是_____、_____和_____。

二、判断题

1．D/A 转换器的最大输出电压的绝对值可以达到基准电压 V_{REF}。　　　　　（　　）

2．D/A 转换器的位数越多，能够分辨的最小输出电压的变化量就越小。　　（　　）

3．D/A 转换器的位数越多，转换精度就越高。　　　　　　　　　　　　　（　　）

4．A/D 转换器的转化过程中，必然会出现量化误差。　　　　　　　　　　（　　）

5．A/D 转换器的二进制数的位数越多，量化级分的越多，量化误差就可以减小到 0。
　　　　　　　　　　　　　　　　　　　　　　　　　　　　　　　　　　（　　）

6．双积分型 A/D 转换器的转换精度高、抗干扰能力强，因此常用于数字仪表。
　　　　　　　　　　　　　　　　　　　　　　　　　　　　　　　　　　（　　）

三、简述题

1．设 D/A 转换器的输出电压为 0～5V，对于 12 位的 D/A 转换器，试求它的分辨率。

2．在选择采样-保持电路外接电容器的容量大小时应考虑哪些因素？

3．有一个 8 位 T 形电子网络 D/A 转换器，设 V_{REF}=+5V，R_F=3R，试求 $d_7 \sim d_0$=11111111、10000000、00000001 时的输出电压 U_O。

4．已知 D/A 转换器的最小输出电压 U_{LSB}=5mV，最大输出电压为 V_{FSR}=10V，求该 D/A 转换器的位数是多少？

5．一个 10 位逐次逼近型 A/D 转换器中，已知时钟频率为 1MHz，则完成一次转换所需的时间是多少？如果要求完成一次转换的时间小于 100μs，问时钟频率应选多大？

6．4 位权电阻型 D/A 转换器如下图所示。

（1）试推导输出电压与输入数字量的关系式；

（2）如 $V_{REF}=-10V$，输入数码为 1000，求输出电压值。

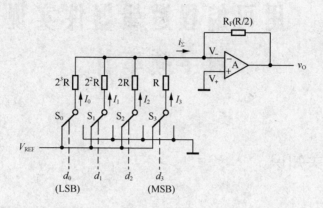

7．4 位 R-2R 网络型 D/A 转换器如下图所示。

（1）求输出电压的取值范围；

（2）若要求输入数字量为 1000 时输出电压为 5V，试问基准电压 V_{REF} 应取何值？

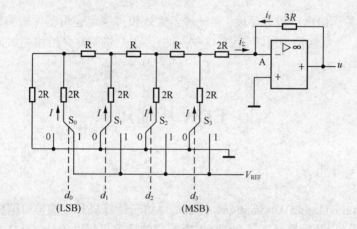

项目八 用可编程逻辑器件实现简单的 数字频率计

第一部分 相关知识

在前面的章节中，我们介绍了传统的用数字电路芯片实现组合电路或时序电路的知识、方法。随着现代计算机技术和大规模可编程逻辑器件的不断发展，人们在电路设计方面越来越趋向于引入电子设计自动化（EDA，Electronic Design Automation）的手段，使得电路设计智能化、集成化。

EDA 作为一种高级电路设计手段，主要涉及大规模可编程逻辑器件相关知识、硬件描述语言，以及 EDA 开发软件使用等知识。在本章中，我们将简要介绍相关知识，并最终设计出简单的数字频率计。

8.1 EDA 基础知识

8.1.1 EDA 概述

EDA（Electronic Design Automation）技术是伴随着计算机和大规模可编程逻辑器件的发展而形成的新兴学科，其发展经历了 20 世纪 70 年代的计算机辅助设计（CAD，Computer Aided Design）阶段、20 世纪 80 年代的计算机辅助工程设计（CAE，Computer Aided Engineering）阶段和 20 世纪 90 年代的电子设计自动化（EDA，Electronic Design Automation）阶段。当今的 EDA 技术更多是指芯片内部的电路设计自动化，也就是说，开发人员完全可以通过自己的电路设计来定制芯片的电路功能，使之成为设计者的专用集成电路芯片。

从上述的 EDA 设计角度出发，可以将 EDA 技术解释如下：EDA 技术是以计算机为基本工作平台，以硬件描述语言为系统逻辑描述的主要表达方式，以 EDA 工具软件为开发环境，以大规模可编程逻辑器件为设计载体，以专用集成电路 ASIC（Application Special Integrated Circuit）、单片电子系统 SOC（System On Chip）芯片为目标器件，以电子系统设计为应用方向的电子产品自动化设计过程。

传统的数字电路系统设计通常采用自底向上的设计流程，即首先确定构成系统最底层的电路模块或元件的结构和功能，然后根据主系统的功能要求，将它们组合成更大的功能块，使它们的结构和功能满足高层系统的要求，并逐步向上递推，直到完成整个目标系统的设计。

例如，本书前几章介绍的数字电路项目设计，都是首先确定芯片型号，不同的芯片实现不同的功能，然后将各个模块组合完成整个系统的设计。

现代 EDA 技术采取了自顶向下的设计方法。所谓自顶向下就是在整个设计流程中设计环节逐步求精的过程，是指将数字系统的整体逐步分解为各个子系统和模块，若子系统规模较大，则还需将子系统进一步分解为更小的子系统和模块，层层分解，直至整个系统中各子系统关系合理，并且便于逻辑电路级的设计和实现。

在传统的数字电路设计中，复杂电路的设计、调试十分困难，如果某处出现错误，查找和修改十分不便，往往牵一发而动全身；同时，设计成果的可移植性较差，设计过程中产生大量文档，不易管理，且只有在设计出样机或生产出芯片后才能进行实测。而 EDA 技术采用软件的方式设计硬件，对设计者的硬件知识和硬件经验要求低，设计过程中可用有关软件进行各种仿真，系统可现场编程，在线升级，整个系统可集成在一个芯片上，体积小、功耗低、可靠性高。可以说，现代电子设计技术的发展，主要体现在 EDA 工程领域。EDA 是电子产品开发研制的动力源和加速器，是现代电子设计的核心。

随着可编程逻辑器件的发展，EDA 设计工具的不断智能化，EDA 技术迅速发展，应用领域日益扩展，逐渐由简单的逻辑功能实现，发展到信号与传输功能的实现和算法的实现。由于 EDA 技术设计的电路在可编程逻辑器件上实现，可以说是用纯硬件实现数字逻辑系统，因此设计出的电路在速度上远远超过了传统的单片机、DSP 等微处理器。

8.1.2 可编程逻辑器件

可编程逻辑器件（PLD，Programmable Logic Device）是 20 世纪 70 年代发展起来的一种新型逻辑器件。它不仅速度快、集成度高，并且几乎能随心所欲地完成用户定义的逻辑功能，还可以加密和重新编程。可编程逻辑器件是现代数字电子系统向着超高集成度、超低功耗、超小型封装和专用化方向发展的重要基础。它的应用和发展不仅简化了电路设计，降低了成本，提高了系统的可靠性和保密性，而且给数字系统的设计方法带来了革命性的变化。

可编程逻辑器件经历了从 PROM（Programmable Read Only Memory）、PLA（Programmable Logic Array）、PAL（Programmable Array Logic）、GAL（Generic Array Logic）等简单可编程逻辑器件，到采用大规模集成电路技术的 EPLD（Erasable Programmable Logic Device）、CPLD（Complex Programmable Logic Device）、FPGA（Field Programmable Gate Array）的发展过程，在结构、工艺、集成度、功能、速度和灵活性等方面都有很大的改进和提高。

对于大部分 CPLD，其基本结构是"与-或阵列"的乘积项结构，基于 EPPROM 或 FLASH 工艺；烧写程序掉电后不会消失；一般可以擦写几百次，并且一般宏单元在 512 以下，比如 ALTERA 的 AX3000/5000/7000/9000 和 CLASSIC 系列。CPLD 适用于设计译码等复杂组合逻辑。

对于大部分 FPGA，基本结构是类似于"门阵列"的查找表结构，其生产基于 SRAM 工艺，烧写程序掉电后丢失；理论上擦写 100 万次以上；一般使用需要外挂 EEPROM，可以达到几百万门电路，比如 ALTERA 公司的 APEX、FLEX、ACEX、STRATIX、CYCLONE 系列。如果设计中使用到大量触发器，那么使用 FPGA 就是一个很好的选择。

8.1.3 EDA 开发环境

要想通过可编程逻辑器件实现一个数字电路系统，必须有一套可以进行程序输入、编译、综合、配置的开发环境。Quartus II 软件包是美国 Altera 公司的第四代 EDA 开发软件，提供了一个与结构无关的设计环境，非常适合具体的设计需要。

1. 开发环境简介

对于 Quartus II 软件的安装这里不作具体介绍，需要注意的是，必须加载授权文件（即 license.dat 文件）。

图 8.1 所示为 Quartus II 8.0 的开发环境界面。Quartus II 的用户界面分为 6 个大的区域，即工程导航区、任务区、信息区、工作区、快捷工具条和菜单命令区。

图 8.1 Quartus II 8.0 的开发环境界面

其中，工程导航区显示当前工程的绝大部分重要信息，使用户对当前工程的文件层次结构、相关文档和设计单元有一个清晰的认识；任务区用于显示编译或仿真时的运行状态和进度；信息区用于显示系统在编译和仿真过程中产生的指示信息，如警告信息、错误信息以及编译成功信息等；工作区是用户对设计文件进行输入的区域，可以输入文本或图形，配合相应的快捷工具条，可执行相应的快速操作；菜单命令区包含了系统常用的菜单命令。

2. 创建工程设计项目

Quartus II 中常采用图形输入法和文本输入法来编辑源文件。在后续内容中，重点介绍 VHDL 文本输入法。

在 Quartus II 中创建设计工程的步骤如下：

第一，建立工程文件夹，此文件夹用来保存工程及相关的设计文件（注意：文件夹所在的目录最好只包含英文字母和下划线）；

第二，创建工程，通常采用［File］菜单下的［New Project Wizard］命令实现，如图 8.2 所示，在后继的工程创建中要给出工程名，可以选择器件型号以及其他 EDA 仿真和分析工具；

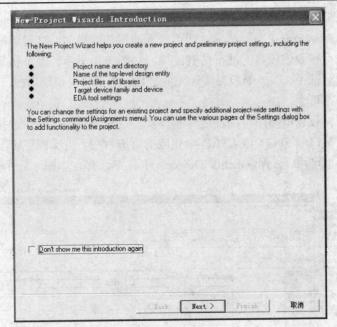

图 8.2　创建工程向导

最后，编辑设计文件，该文件通常是原理图文件或 VHDL 文本文件，如图 8.3 所示，如果选择［Block Diagram/Schematic File］，则进入图形输入法界面，如果选择［VHDL File］，则进入文本编辑界面。

图 8.3　新建设计文件

编辑完源程序之后，保存设计的图形文件或文本文件，就可以进行编译了。执行［Processing/Start Compilation］可对源程序进行编译，根据信息区中的提示，可确定源程序的错误和警告，并进行改错，直至编译成功。

第四，波形仿真，执行［File /New］，在图 8.3 的界面中选择［Verification/Debugging Files］标签下的［Vector Waveform File］选项，即可进入波形仿真界面，在设置好仿真时间和输入信号取值之后，便可得到该项目的波形仿真结果，如图 8.4 所示。波形仿真验证无误后，就可以进行硬件下载测试了。当一个项目编译完成之后，能否实现预期功能，还需进一步检验。这时，仿真分析必不可少。

第五，如果要将设计电路用可编程逻辑器件实现，则需要进行器件选择和管脚锁定，使设计中的输入输出端口与 FPGA 或 CPLD 中相应的管脚对应。可编程逻辑器件选择可在创建工程时进行设定，也可由［Assignments/ Device…］菜单选择，如图 8.5 所示。

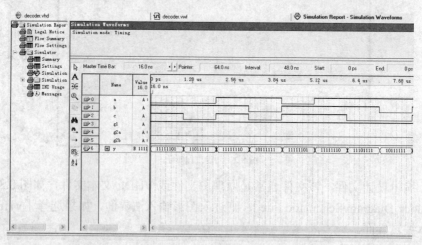

图 8.4　波形仿真界面

引脚锁定可由菜单［Assignments/ Pins］实现，其界面如图 8.6 所示。

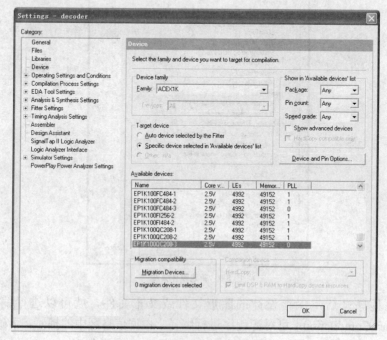

图 8.5　可编程逻辑器件型号选择

上述步骤完成之后，就可以进行硬件下载了。在连接好线缆之后，选择［Tools/Programmer］，就弹出了配置文件下载界面，这时要选择编程模式和配置文件，如图 8.7 所示。如果是第一次下载，还需要安装硬件驱动。所使用的 Altera 编程硬件可以是 Master Blaster、ByteBlasterMV、ByteBlaster II 或 USB-Blaster 下载电缆或 Altera 编程单元（APU）。国内许多开发板和实验箱使用 ByteBlasterMV 或 ByteBlaster II 下载电缆。

下载成功之后，就可以在硬件上验证设计电路的性能了。至此，Quartus II 环境下的电路设计就完成了。

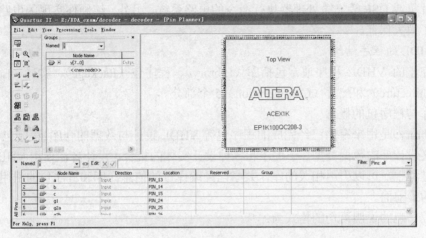

图 8.6　引脚锁定

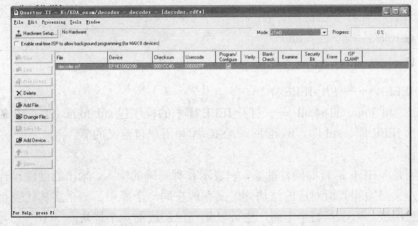

图 8.7　下载界面

8.2　硬件描述语言 VHDL

8.2.1　VHDL 程序相关知识

采用传统方法设计数字系统，当电路系统非常庞大时，设计者必须具备较多的设计经验，而且繁杂多样的原理图的阅读和修改也给设计者带来诸多的不便。在利用 EDA 工具进行电子设计时，逻辑图、分立电子元件作为整个复杂的电子系统的设计已不适应。VHDL（Very-High-Speed Integrated Circuit Hardware Description Language）是美国国防部为规范各电子系统承包公司的不同硬件描述语言而提出的标准化语言，于 1987 年通过审查实施，1993年修订、推广。

VHDL 语言最大的特点就是针对硬件结构进行描述。它不同于软件语言，不是靠微处理器的 CPU 来顺序执行命令，而是将设计文件综合成与硬件电路对应的网表文件，进而在 FPGA或 CPLD 上实现，正是这个原因，使得硬件描述语言设计的数字电路系统在运行速度上远远超过了单片机或 DSP 等靠微处理器执行命令的电路系统，另外，纯硬件实现的电路在可靠性上也得到了很大保证。

1．VHDL 的程序结构

一个完整的 VHDL 程序通常包括库（Library）、程序包（Package）、实体（Entity）、结构体（Architecture）和配置（Configuration）5 个部分。

（1）库与程序包的概念

库（Library）是用来存储已经完成的程序包等 VHDL 设计与数据的仓库。程序包（package）是预先定义设计好的数据类型、子程序和各种设计实体的集合。设计者在使用 VHDL 设计硬件电路的过程中，可以引用相关的库，共享已经编译过的信息。库和程序包的引用声明放在设计文件的最前面。

库和程序包的说明语句的格式为：

```
        library 库名；
        use 库名.程序包名.项目名；
        use 库名.程序包名.all；
```

例如：

Library IEEE；——使用 IEEE 库

Use IEEE. std_logic_1164.all；——打开 IEEE 库中的程序包 std_logic_1164.all 的所有项目

常用的库包括 IEEE 库、std 库、work 库、ASIC 库和用户自定义的库。

（2）实体

实体说明是 VHDL 语言的硬件抽象，它表示具有明确的输入、输出的硬件设计的一部分端口。实体定义必须和其所对应的结构体定义存放在同一个库中，一个实体代表整个电路设计的一个完整层级，可以是整个电路，也可以是任何层级的一个模块。

实体说明的 VHDL 语法格式为：

```
    entity 实体名 is
       [generic（类属表）;] -- 类属参数声明
           prot（端口表）; -- 端口声明
    end [entity] 实体名；
```

例如：

一个典型的加法器的实体说明如下。

```
entity adder2 is
port(
    a:in bit_vector(3   downto   0);
    b:in bit_vector(3   downto   0);
    c:in bit;
    d:out bit_vector(3   downto   0);
    );
end adder2;
```

其中，adder2 为实体名称，由用户命名，其命名应遵循 VHDL 的文字语法规则；a，b，c，d 为端口名称，由用户命名，其命名亦应遵循相应的语法。In，out 为端口方向，bit 为位数据类型，bit_vertor(3 downto 0)为位矢量数据类型。

（3）结构体

结构体描述器件的行为或结构，说明该器件的功能以及如何完成这些功能。它指定设计实体、输入和输出之间的关系。结构体一定跟在实体之后。

结构体的 VHDL 语法格式为：

```
architecture  结构体名  of  实体名  is
        [声明语句]
begin
        [功能描述语句]
end [architecture]  结构体名；
```

例如：

加法器的结构体定义如下。

```
architecture adder2_arch of adder2 is
begin
process(c)
begin
    if (c='1') then
    s <= a+b;
    end if;
    end process;
end adder2_arch;
```

在上面的例子中，adder2_arch 是结构体名，结构体执行语句在 begin 和 end 之间，process 是结构体内的进程语句。

结构体描述了电路内部的具体功能实现过程，在后续的内容中，我们会从组合电路和时序电路的实现上分别介绍相应的结构体执行语句。

（4）配置

配置是在一个实体有几个结构体时，用来为实体指定特定的情况下使用哪个特定的结构体的。在仿真时可利用配置为实体选择不同的结构体。

配置的语法格式如下：

```
configuration  配置名 of 实体名 is
    for 结构体名
    end for;
end [configuration] 配置名；
```

2. VHDL 的语言要素

（1）VHDL 的文字规则

在 VHDL 语言中，有数字文字、字符文字、用户标识符、下标名、段名及其相应的语法规则，这里我们重点介绍用户标识符。

标识符是用户给常量、变量、信号、端口、子程序或参数等定义的名字。VHDL 基本标识符的书写需遵循如下规则。

① 有效的字符：包括 26 个大小写英文字母，数字 0～9 以及下划线"_"。

② 任何标识符必须以英文字母开头。

③ 下划线必须是单个的，且其前后都必须有英文字母或数字。

④ 标识符中的英文字母不分大小写。

⑤ 不能使用 VHDL 定义的保留字，也称关键字，如 WHEN、IF 等。

（2）数据对象

VHDL 数据对象是用来存放各类数据的容器，有变量、信号和常量。变量和信号相当于门与门之间的连线及连线上的信号，常量相当于电路中的恒定电平，如 GND 或 VCC。

变量（variable）是局部量，只能在进程、函数和过程中声明并使用，用来存放临时数据，没有物理意义，要使其在整个结构体内有效，应转换为信号或声明为共享变量。在使用变量的进程、函数和过程中，变量的值将随变量赋值语句的执行而立即改变。

变量声明的格式是：VARIABLE 变量名：数据类型[:=初始值]；

变量赋值的格式是：目标变量:=表达式；

信号（signal）是描述硬件系统中类似连接线的数据对象。信号不能在进程、函数和过程中声明但可使用。在进程或子程序内部，信号赋值是有时间延迟的，在同一个进程或子程序内部对同一个信号多次赋值，起作用的是最后一次有效的赋值。

信号声明的格式是：SIGNAL 信号名：数据类型[:=初始值]；

信号赋值的格式是：目标信号<=表达式；

在 VHDL 语言中，信号和变量是两个经常使用的对象。实际上，信号和变量之间还是有很大差别的。一般来说，信号和变量的区别主要体现在以下几个方面。

① 信号具有传输时间延迟，而变量没有。

② 变量是只能存在于进程、子程序内部的局部信息载体，而信号则可作为模块间的信号载体。

③ 变量的设置有时只是一种过渡，最后要靠信号来把信息传出进程或子程序。

常量（constant）是用来存储某种指定类型的特定数值。常量在仿真前赋值，仿真过程中常量不能改变。

常量声明的格式是：CONSTANT 常量名：数据类型:=初始值；

（3）数据类型

数据类型用来说明程序中可以采用的数据集合或数值范围。所有的信号、变量和常量，在 VHDL 程序中都要指定数据类型。

在 VHDL 中，有 4 大类数据类型，它们是标量类型、复合类型、存取类型和文件类型。以上数据类型又可分为在 VHDL 标准库 STD 中的程序包所包含的预定义数据类型和用户自定义数据类型。

在 VHDL 标准库 STD 中的程序包 STANDARD 中预定义了一系列常用的数据类型，称为预定义数据类型。使用这些数据类型不必写出所引用的库与程序包的引用声明。这些预定义数据类型是：位（BIT）、布尔量（BOOLEAN）、错误等级（SEVERITY_LEVEL）、字符（CHARACTER）、FILE_OPEN、FILE_OPEN_STATUS、整数（INTEGER）、自然数类型（NATURAL）、正整数类型（POSITIVE）、实数类型（REAL）、时间类型（TIME）、位矢量（BIT_VECTOR）、字符串（STRING IS）等。

此外，IEEE 库中定义的数据类型有：标准逻辑位(STD_LOGIC)、标准逻辑位矢量(STD_LOGIC_VECTOR)、无符号数据类型（UNSIGNED）、有符号数据类型（SIGNED）。在 VHDL 程序里，对逻辑信号的定义，通常都采用 STD_LOGIC 信号形式，因为 STD_LOGIC 信号定义描述了信号的 9 种取值，比"位"（BIT）信号描述的数字电路的逻辑更完整。

在 VHDL 语言中，数据的定义是相当严格的，不同类型数据是不能进行运算和直接赋值的。为了实现正确的运算和赋值操作，必须将数据进行类型转换。

（4）运算操作符

VHDL 提供了 6 种预定义的运算操作符，分别是赋值运算符、逻辑运算符、算术运算符、关系运算符、移位运算符和并置运算符。这些运算操作符在后续的项目设计中还会涉及。

3．VHDL 的基本描述语句

VHDL 代码按照执行顺序可以分为并行描述语句和顺序描述语句两大类。通常我们用并行描述语句来实现组合逻辑电路，用顺序描述语句和并行描述语句共同来实现时序逻辑电路。

顺序语句的特点是，每一条语句在行为仿真时的执行顺序都按照它们的书写顺序。顺序语句只能出现在进程（Process）、函数（Function）和过程（Procedure）中。

常见的顺序语句有：赋值语句、IF 语句、CASE 语句、LOOP 语句。

并行语句的特点是，各个并行语句在行为仿真时的执行是同步的，其执行顺序与书写顺序无关。并行结构是数字电路特有的硬件结构之一，是 VHDL 语言与传统的计算机软件语言最显著的区别之一。

结构体中常用的并行语句有进程（process）语句、并行信号赋值语句、元件例化语句、生成语句和块语句；其中，并行信号赋值语句、进程语句和元件例化语句最为基础。

8.2.2　组合电路的 VHDL 描述

根据数字逻辑电路的基本知识，组合逻辑电路输出的值仅取决于当前的输入，这样的电路不需要触发器等具有存储能力的逻辑电路单元，仅仅使用组合逻辑门就可以实现整个设计。

在前面的组合逻辑电路中，我们学习了基本的门电路、编码器、译码器、数据选择器、数据分配器等相关的基本电路模块，在本章中，我们将采用硬件描述语言的方法，实现这些基本的组合电路模块。

基本门电路有与门、或门、非门、与非门、或非门和异或门等，用 VHDL 语言来描述比较简单。

1. 二输入与非门电路

LIBRARY ieee;　　　--引用 ieee 库

USE ieee.std_logic_1164.ALL;　--引用 ieee 库中的.std_logic_1164 程序包中的所有内容

ENTITY n_and2 IS　　　--实体声明 n_and2

PORT(a,b:IN Std_logic;　　　--为输入端口 a，b 声明，其数据类型为 std_logic

　　　y:OUT std_logic);　　　--输出端口 y 声明

END n_and2;　　　--实体描述结束

ARCHITECTURE one OF n_and2 IS　　　--关于实体 n_and2 的结构体声明 one

BEGIN　　　　　--结构体说明开始

　　y<=a NAND B;　　--结构体描述语句，a、b 与非之后赋值给 y

END one;　　　　--结构体描述结束

以上就是一个完整的与非门的 VHDL 程序，包含了库和程序包、实体、结构体等部分。"--"是用于 VHDL 语言的程序注解符号。

二输入与非门的 VHDL 波形仿真结果如图 8.7 所示。

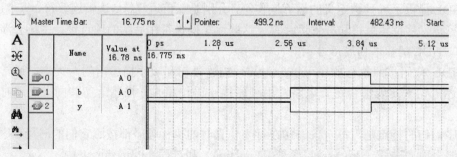

图 8.8　二输入与非门波形仿真结果

同理，对其他门电路的描述，结构与此类似，用户可根据电路的实际功能对描述的实体、结构体命名。在 VHDL 描述语句中，常用的逻辑运算符及其含义如下：

NOT——取反

AND——与

OR——或

NAND——与非

NOR——或非

XOR——异或

XNOR——同或

2. 编码器，译码器

以最常用的 8 线-3 线优先编码器的 VHDL 程序为例来介绍。

```
LIBRARY ieee;
USE ieee.std_logic_1164.ALL;
ENTITY ENCODER38 IS    --实体声明
   PORT(input: IN    std_logic_VECTOR(7 DOWNTO 0);
        output: OUT    std_logic_VECTOR(2 DOWNTO 0));
END ENCODER38;
ARCHITECTURE ART3 OF ENCODER38 IS    --结构体声明
BEGIN
PROCESS(input)       --结构体中的进程语句
BEGIN
IF      input(7)='1' THEN output<="111";           --进程内部的顺序语句
   ELSIF input(6)='1' THEN output<="110";
   ELSIF input(5)='1' THEN output<="101";
   ELSIF input(4)='1' THEN output<="100";
   ELSIF input(3)='1' THEN output<="011";
   ELSIF input(2)='1' THEN output<="010";
   ELSIF input(1)='1' THEN output<="001";
   ELSIF input(0)='1' THEN output<="000";
   ELSE output<="XXX";
   END IF ;
   END PROCESS;
END ART3;
```

该编码器的 VHDL 描述中，包含了库和程序包、实体、结构体等部分，在结构体中，用进程语句描述内部逻辑功能，进程内部又用顺序语句 if-elsif-else 描述具体的语句执行过程。

在进程语句的执行中，process 后面的小括号内必须包含敏感信号表或在程序中包含 wait 语句，只有在敏感信号发生变化或 wait 语句启用时，进程才被启用，否则，电路保持原状态不变。

8 线-3 线优先编码器的仿真结果如图 8.9 所示。

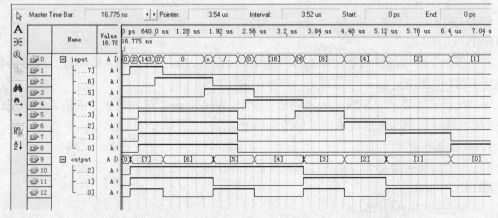

图 8.9　8 线-3 线优先编码器的波形仿真结果

用 VHDL 描述的 3 线-8 线译码器 74LS138 的源程序如下。

```
LIBRARY ieee;
USE ieee.std_logic_1164.ALL;
entity decoder38 is    --实体描述语句
port(a,b,c,g1,g2a,g2b:in std_logic;
             y:out std_logic_vector(7 downto 0));
END decoder38;
architecture behave38 OF decoder38 is    --结构体描述语句
signal indata:std_logic_vector(2 downto 0);
BEGIN
  indata<=c&b&a;
  PROCESS(indata,g1,g2a,g2b)
    BEGIN
      IF(g1='1' and g2a='0' and g2b='0') THEN
        case indata is
        when "000"=>y<="11111110";
        when "001"=>y<="11111101";
        when "010"=>y<="11111011";
        when "011"=>y<="11110111";
        when "100"=>y<="11101111";
        when "101"=>y<="11011111";
        when "110"=>y<="10111111";
        when "111"=>y<="01111111";
        when others=>y<="XXXXXXXX";
        END case;
      else
        y<="11111111";
      END IF;
END PROCESS;
END behave38;
```

在上面的 3 线-8 线译码器的结构体描述中，采用 if-else-then 语句，又嵌套了 case 语句进行电路内部功能描述。case 语句也是一种顺序描述语句。

可以比较前面章节的 3 线-8 线译码器真值表，VHDL 语言描述的正是真值表中的逻辑关系。3 线-8 线译码器的波形仿真结果如图 8.10 所示。

3. 数据选择器

4 选 1 数据选择器用于四路信号的切换，其 VHDL 描述如下。

```
LIBRARY ieee;
USE ieee.std_logic_1164.ALL;
ENTITY MUX41 IS
```

PORT(data: IN std_logic_VECTOR(3 DOWNTO 0);

sel: IN std_logic_VECTOR(1 DOWNTO 0);

Y: OUT std_logic);

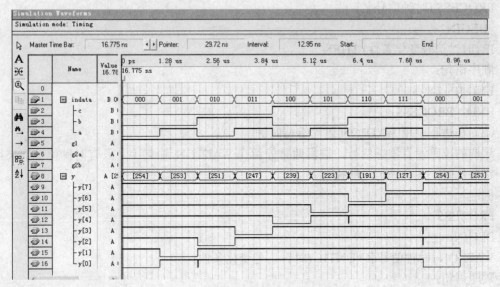

图 8.10 3 线-8 线译码器的波形仿真结果

END MUX41;

ARCHITECTURE ART OF MUX41 IS

 BEGIN

PROCESS(data,sel)

BEGIN

　　IF (sel="00") THEN Y<=data(0);

　　ELSIF (sel="01") THEN Y<=data(1);

　　ELSIF (sel="11")THEN Y<=data(2);

　　ELSE Y<=data(3);

　　END IF;

END PROCESS;

END ART;

数据选择器的波形仿真读者可自行分析。

8.2.3　时序电路的 VHDL 描述

时序电路主要有触发器、寄存器、计数器、序列信号发生器和序列信号检测器等。对于时序逻辑电路来说，电路的当前输出不仅取决于当前的输入，还与以前的输入有关，时序电路中通常存在寄存器这类元件，当前的输出结果是由当前输入和电路内部所有寄存器的状态共同决定的。

1. 时钟信号

（1）进程的敏感信号是时钟信号

这时时钟信号出现在 PROCESS 后的括号中，如：

PROCESS (时钟信号名)

  BEGIN

IF (时钟信号变化条件) THEN

顺序语句；

END IF；

END   PROCESS；

（2）在进程中用 WAIT ON 语句等待时钟

这样的电路没有敏感信号，进程通常停留在 WAIT ON 语句上，只有时钟信号到来且满足一定条件时，其余语句才能执行。

例：

PROCESS

BEGIN

WAIT ON (时钟信号名) UNTIL (时钟信号变化条件)

顺序语句；

END PROCESS；

（3）时钟信号的边沿描述

时钟信号上升沿的 VHDL 描述如下：

IF (clk ' event and clk='1')或 WAIT   UNTIL RISING_EDGE(clk)；

时钟信号下降沿的 VHDL 描述如下：

IF (clk ' event and clk='0')或 WAIT   UNTIL FALLING_EDGE(clk)；

2. 触发器

触发器是构成时序逻辑电路的基本元件，常用的触发器包括 RS 触发器、JK 触发器、D 触发器等。

（1）异步清零 D 触发器的 VHDL 程序

```
LIBRARY IEEE;
USE IEEE.STD_LOGIC_1164.ALL;
    ENTITY dff1 IS          --D 触发器实体声明
            PORT(d:IN STD_LOGIC;       --输入端口 d
                clk:IN STD_LOGIC;       --时钟信号 clk
                clr:IN STD_LOGIC;       --清零端 clr
                q:  OUT STD_LOGIC);     --输出端 q
    END dff1;
ARCHITECTURE behavl OF dff1 IS
        BEGIN
            PROCESS(clk，clr，d)      --clk, clr, d 为进程中的敏感信号
            BEGIN
```

```
        IF clr='1' THEN          --清零端为'1'有效
            q<='0';
ELSIF clk'EVENT AND clk='1' THEN    --若 clk 时钟上升沿出现，则执行
            q<=d;
        END IF;
        END PROCESS;
        END behavl;
```

D 触发器的波形仿真结果如图 8.11 所示。

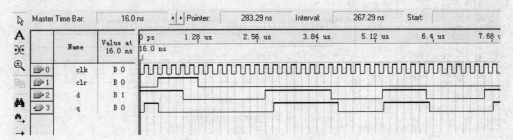

图 8.11　D 触发器的波形仿真结果

（2）JK 触发器的 VHDL 程序

```
LIBRARY IEEE;
USE IEEE.STD_LOGIC_1164.ALL;
ENTITY JKCFQ IS            --实体声明
        PORT(J，K，CLK:IN STD_LOGIC;
            Q，QB:BUFFER STD_LOGIC);
END JKCFQ;
ARCHITECTURE ART OF JKCFQ IS      --结构体声明
    SIGNAL Q_S,QB_S:STD_LOGIC;
        BEGIN
        PROCESS(CLK，J，K)
        BEGIN
IF (CLK'EVENT AND CLK='1')THEN
        IF(J='0' AND K='1') THEN
                Q_S<='0';
                QB_S<='1';
            ELSIF (J='1'AND K='0') THEN
                Q_S<='1';
                QB_S<='0';
            ELSIF (J='1' AND K='1') THEN
                Q_S<=NOT Q_S;
                QB_S<=NOT QB_S;
            END IF;
```

```
                    END IF ;
                          Q<=Q_S;
                          QB<=QB_S;
               END PROCESS;
END ART;
```
JK 触发器的波形仿真结果如图 8.12 所示。

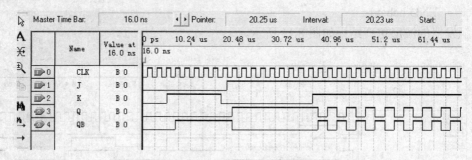

图 8.12 JK 触发器的波形仿真结果

（3）寄（锁）存器的 VHDL 程序
```
LIBRARY ieee;
USE ieee.std_logic_1164.ALL;
ENTITY latch8 IS
PORT(clr,clk,ena,oe:IN std_logic;
          d:IN std_logic_VECTOR(7 DOWNTO 0);
          q:BUFFER std_logic_VECTOR(7 DOWNTO 0));
END latch8;
ARCHITECTURE one OF latch8 IS
SIGNAL q_temp:std_logic_VECTOR(7 DOWNTO 0);
BEGIN
u1:PROCESS(clk,clr,ena,oe)
BEGIN
    IF clr='0' THEN q_temp <= "00000000";
    ELSIF clk'EVENT AND clk='1' THEN
IF (ena='1') THEN
               q_temp <= d;
END IF;
END IF;
IF oe='1' THEN q<= "ZZZZZZZZ";
    ELSE q <= q_temp;
    END IF;
END PROCESS u1;
END one;
```

该 VHDL 程序描述的是具有三态输出的 8D 锁存器，其中 CLR 是复位控制输入端，当 $CLR=0$ 时，8 位数据输出 $Q[7..0]=00000000$；ENA 是使能控制输入端，当 $ENA=1$ 时，锁存器处于工作状态，输出 $Q[7..0]=D[7..0]$，当 $ENA=0$ 时，锁存器的状态保持不变；OE 是三态输出控制端，当 $OE=1$ 时，输出为高阻态，当 $OE=0$ 时，锁存器为正常输出状态。图 8.13 所示是锁存器的波形仿真结果。

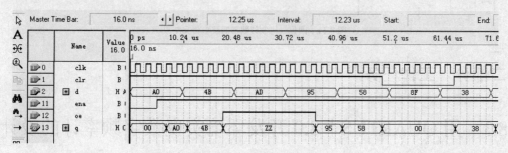

图 8.13　锁存器波形仿真结果

（4）计数器的 VHDL 描述

计数器是在数字系统中使用最多的时序电路，它不仅能用于对时钟脉冲计数，还可以用于分频、定时、产生节拍脉冲和脉冲序列以及数字运算等。

具有清零端的四位二进制计数器的 VHDL 程序为：

```vhdl
LIBRARY IEEE;
    USE IEEE.STD_LOGIC_1164.ALL;
    USE IEEE.STD_LOGIC_UNSIGNED. ALL;
    ENTITY cnt4 IS
PORT(clk:IN STD_LOGIC;
            clr:IN STD_LOGIC;
            q:BUFFER STD_LOGIC_VECTOR(3 DOWNTO 0));
    END cnt4;
    ARCHITECTURE behav OF cnt4 IS
    BEGIN
      PROCESS(clk,clr)
        BEGIN
        IF clr='1' THEN
           q<="0000";
ELSIF clk'EVENT AND clk='1' THEN
            q<=q+1;
          END IF;
      END PROCESS;
    END behav;
```

计数器的波形仿真结果如图 8.14 所示。

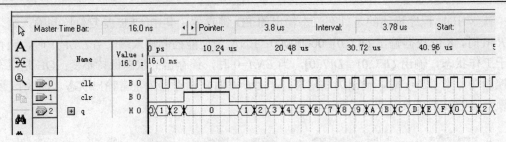

图 8.14　四位二进制计数器的波形仿真结果

第二部分　工作任务

8.3　用 QUARTUS‖8.0 开发环境实现数字频率计的设计

在前面的相关知识部分，我们了解了 QUARTUS‖8.0 的开发环境和可编程逻辑器件的基础知识，对基本的组合逻辑电路和时序逻辑的 VHDL 描述方法有了一定的认识。 在本部分中，将以数字频率计的实现作为载体，用可编程逻辑器件实现一个较大的项目，将电子设计自动化相关技能融会贯通。

1. 实训目的

（1）设计四位十进制频率计

（2）学习较复杂的数字系统的设计方法

（3）进一步熟悉 QUARTUS‖8.0 开发环境

（4）进一步熟悉 VHDL 开发语言

2. 实训主要仪器设备

（1）计算机及 QUARTUS‖8.0 开发软件

（2）EDA 实验箱

（3）导线若干

3. 实训原理

根据频率的定义和频率测量的基本原理，频率计的设计包括四个模块。

（1）测频控制模块

测定信号的频率必须有一个脉宽为 1s 的对输入信号脉冲计数允许的信号。1s 计数结束后，计数值锁入锁存器的锁存信号和为下一测频计数周期作准备的计数器清 0 信号。这 3 个信号可以由一个测频控制信号发生器产生，即图 8.15 中的 TESTCTL，它的设计要求是，TESTCTL 的计数使能信号 CNT_EN 能产生一个 1s 脉宽的周期信号，并对频率计的每一计数器 CNT10 的 ENA 使能端进行同步控制。当 CNT_EN 为高电平时，允许计数；当 CNT_EN 为低电平时，停止计数，并保持其所计的脉冲数。

（2）待测信号脉冲计数电路模块

待测信号脉冲计数电路是对待测脉冲信号的频率进行测量，它可由 4 个十进制加法计数器组成，如图 8.15 所示中四位级联的 CNT10，其中 ENA 为计数选通控制信号，RST 为计数器清零信号。在计数器清零信号 RST 清零后，当计数选通控制信号 ENA 有效时，开始对待测信号进行计数。

（3）锁存与译码显示控制电路模块

锁存与译码显示控制电路用于实现记忆显示，在测量过程中不刷新新的数据，直到测量过程结束后，锁存显示测量结果，并且保存到下一次测量结束。图 8.15 中的 REG4B 即为锁存模块。

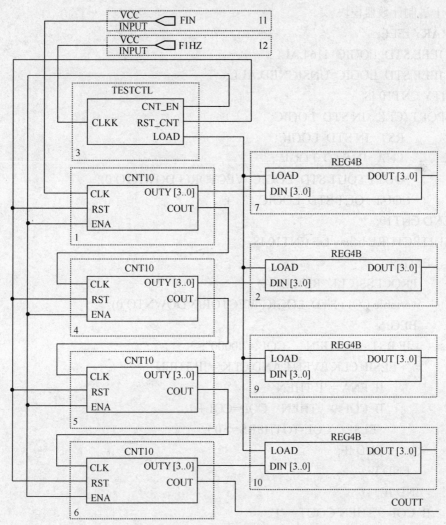

图 8.15　四位十进制频率计顶层文件原理图

（4）频率计顶层模块

频率计顶层模块程序用于将上述三个模块级联，需要用元件例化语句将上述元件例化，并定义相应的内部信号线完成电路的连接。

4．实训步骤

（1）根据频率计的功能要求，给出设计方案。（30 分）

（2）根据设计方案，给出实现各个模块的 VHDL 代码。（20 分）

（3）对各个模块的 VHDL 程序进行波形仿真。（20 分）

（4）将设计的电路下载到实验箱相应的可编程逻辑器件中，进行硬件功能验证。（20 分）

（5）试将上述四位十进制频率计改成八位十进制频率计，给出设计方案及程序。（10 分）

5. 频率计的 VHDL 参考程序

（1）十进制计数器模块

```
LIBRARY IEEE;
USE IEEE.STD_LOGIC_1164.ALL;
USE IEEE.STD_LOGIC_UNSIGNED.ALL;
ENTITY CNT10 IS
    PORT (CLK : IN STD_LOGIC;
          RST : IN STD_LOGIC;
          ENA : IN STD_LOGIC;
          OUTY : OUT STD_LOGIC_VECTOR(3 DOWNTO 0);
          COUT : OUT STD_LOGIC      );
    END CNT10;
ARCHITECTURE behav OF CNT10 IS
    BEGIN
      PROCESS(CLK, RST, ENA)
      variable CQI : STD_LOGIC_VECTOR(3 DOWNTO 0);
      BEGIN
       IF RST = '1' THEN    CQI := "0000";
         ELSIF CLK'EVENT AND CLK = '1' THEN
           IF ENA = '1' THEN
           IF CQI<9    THEN    CQI:=CQI + 1;
            ELSE    CQI:=(OTHERS=>'0');
           END IF;
         END IF;
        END IF;
       IF CQI=9 THEN COUT<='1';
         ELSE COUT<='0';
       END IF;
           OUTY <= CQI ;
       END PROCESS;
    END BEHAV;
```

（2）寄存器模块

```
LIBRARY IEEE;   --4 位锁存器
USE IEEE.STD_LOGIC_1164.ALL;
```

```
ENTITY REG4B IS
    PORT (    LOAD : IN STD_LOGIC;
                DIN : IN STD_LOGIC_VECTOR(3 DOWNTO 0);
                DOUT : OUT STD_LOGIC_VECTOR(3 DOWNTO 0) );
END REG4B;
ARCHITECTURE behav OF REG4B IS
BEGIN
 PROCESS(LOAD, DIN)
  BEGIN
   IF LOAD'EVENT AND LOAD = '1' THEN    DOUT <= DIN; --时钟到来时，锁存输入
数据
    END IF;
 END PROCESS;
END behav;
```

（3）测频控制器模块

```
LIBRARY IEEE;   --测频控制器
USE IEEE.STD_LOGIC_1164.ALL;
USE IEEE.STD_LOGIC_UNSIGNED.ALL;
ENTITY TESTCTL IS
    PORT ( CLKK : IN STD_LOGIC;    -- 1Hz
            CNT_EN,RST_CNT,LOAD : OUT STD_LOGIC);
 END TESTCTL;
ARCHITECTURE behav OF TESTCTL IS
    SIGNAL DIV2CLK : STD_LOGIC;
BEGIN
   PROCESS( CLKK )
    BEGIN
     IF CLKK'EVENT AND CLKK = '1' THEN    DIV2CLK <= NOT DIV2CLK;
     END IF;
    END PROCESS;
    PROCESS (CLKK, DIV2CLK)
    BEGIN
       IF CLKK='0' AND Div2CLK='0' THEN    RST_CNT <= '1';
       ELSE    RST_CNT <= '0';    END IF;
    END PROCESS;
      LOAD    <= NOT DIV2CLK ;    CNT_EN <= DIV2CLK;
END behav;
```

（4）频率计顶层模块

LIBRARY IEEE;   --测频控制器

```
USE IEEE.STD_LOGIC_1164.ALL;
USE IEEE.STD_LOGIC_UNSIGNED.ALL;
ENTITY frequency IS
port( fin: in std_logic;
        f1hz: in std_logic;
        out0: out std_logic_vector(3 downto 0);
        out1: out std_logic_vector(3 downto 0);
        out2: out std_logic_vector(3 downto 0);
        out3: out std_logic_vector(3 downto 0);
        cout:  out std_logic);
end entity frequency;
architecture behv of frequency is
component testctl
    port (clkk: in std_logic;
            CNT_EN,RST_CNT,LOAD: OUT STD_LOGIC);
end component;
component cnt10
    PORT( CLK : IN STD_LOGIC;
            RST : IN STD_LOGIC;
            ENA : IN STD_LOGIC;
            COUT : OUT STD_LOGIC;
            OUTY : OUT STD_LOGIC_VECTOR(3 DOWNTO 0));
end component;
component REG4B
PORT   (  LOAD : IN STD_LOGIC;
            DIN : IN STD_LOGIC_VECTOR(3 DOWNTO 0);
            DOUT : OUT STD_LOGIC_VECTOR(3 DOWNTO 0) );
end component;
signal c,d,e,f,g,h,i: std_logic;
signal j,k,l,m: STD_LOGIC_VECTOR(3 DOWNTO 0);
    begin
    u0: testctl port map(clkk=>F1HZ, cnt_en=>c, rst_cnt=>d, load=>e);
    u1: cnt10    port map(clk=>FIN,rst=>d,ena=>c,outy=>j,cout=>f);
    u2: cnt10    port map(clk=>f,rst=>d,ena=>c,outy=>k,cout=>g);
    u3: cnt10    port map(clk=>g,rst=>d,ena=>c,outy=>l,cout=>h);
    u4: cnt10    port map(clk=>h,rst=>d,ena=>c,outy=>m,cout=>COUT);
    u5: reg4b    port map(load=>e,din=>j,dout=>out0);
    u6: reg4b    port map(load=>e,din=>k,dout=>out1);
    u7: reg4b    port map(load=>e,din=>l,dout=>out2);
```

```
    u8: reg4b    port map(load=>e,din=>m,dout=>out3);
  end architecture behv;
```

6. 成绩评定

小题分值	（1）30 分	（2）20 分	（3）20 分	（4）20 分	（5）10 分	总分
小题得分						

第三部分 总结与考核

知 识 小 结

本章介绍了一种新的数字电路设计方法——基于可编程逻辑器件的电子设计自动化（EDA）方法。本章的知识可作以下归纳。

1. 常用的 EDA 开发环境是基于 QUARTUS‖ 软件的。在 QUARTUS‖ 8.0 环境中，可以采用图形输入法或文本输入法输入源程序。QUARTUS‖ 8.0 的设计步骤一般是：建立工程——编辑设计源文件——编译、综合、波形仿真——器件和管脚配置——硬件下载调试。

2. 硬件描述语言 VHDL 是一种不同于软件语言的，针对硬件设计提出的标准语言。VHDL 的整体结构一般包括库、程序包、实体、结构体和配置。VHDL 语言有并行描述语句和顺序描述语句两大类，其中并行描述语句是 VHDL 特有的，各并行语句并发执行，没有时间的先后，与书写顺序无关。

3. 组合电路和时序电路的基本模块都可以用 VHDL 实现。VHDL 还可以实现更大规模的电路设计，其最终设计目标是 ASIC。

自我检验题

一、名词解释

1. 逻辑综合
2. EDA 技术
3. FPGA 英文全名
4. 实体

二、填空题

1. VHDL 中最常用的库是＿＿＿＿＿库，最常用的程序包是＿＿＿＿＿程序包。

2. 在实体声明中，端口方向有＿＿＿＿＿、＿＿＿＿＿、＿＿＿＿＿和＿＿＿＿＿4 种。

3. 在结构体中，常用的并行语句有＿＿＿＿＿、＿＿＿＿＿、＿＿＿＿＿和＿＿＿＿＿、块语句。

4. 一个完整的 VHDL 程序通常包括＿＿＿＿＿、＿＿＿＿＿、＿＿＿＿＿、＿＿＿＿＿和＿＿＿＿＿等部分。

5. VHDL 内部的功能描述语句都是＿＿＿＿＿。

6．完整的条件语句通常用来描述_____，而不完整的条件语句通常用来描述_____。

7．传统的电路设计方法是采用_____的设计方案，而 EDA 技术采取了自顶向下的设计方案。

8．一般有限状态机包括_____、_____、_____、_____ 4 部分。

9．变量赋值语句的语法格式：目标变量名_____表达式，信号赋值语句的语法格式：目标信号名_____表达式。

10．子程序有两种类型，即_____和_____。

三、选择题

1．不完整的 CASE 语句，其综合结果可实现（　　　）。

　　A．时序逻辑电路　　　　　　　　　　B．组合逻辑电路

　　C．双向电路　　　　　　　　　　　　D．三态控制电路

2．下列标识符中，（　　　）是不合法的标识符。

　　A．State0　　　　　B．moon　　　　　C．Not_Ack_0　　　　　D．5signal

3．下面对于信号和变量的描述中，错误的是（　　　）。

　　A．两者的赋值符号不同

　　B．信号作用于全局，用于进程和进程之间的通信；而变量作用于进程的内部

　　C．信号的赋值没有延时，而变量的赋值是有延时的

　　D．端口一定是信号

4．下面对于进程的描述中，错误的是（　　　）。

　　A．同一进程内部的语句必须是顺序语句

　　B．为启动进程，进程语句中必须同时包含一个敏感信号和一个 wait 语句

　　C．一个结构体中的各个进程可以通过信号来通信

　　D．在一个进程中不能同时存在敏感信号表和 wait 语句

5．在 VHDL 语言中，下列对时钟边沿的检测描述中，错误的是（　　　）。

　　A．if clk'event and clk='1' then

　　B．wait until rising_edge(clk)

　　C．if clk'event and clk='0' then

　　D．if clk' stable and not clk='1' then

6．在进行 VHDL 程序设计时，文件名必须与（　　　）名保持一致。

　　A．实体　　　　　B．结构体　　　　　C．进程　　　　　D．函数

7．在下面的实体中，led_out[7..0]表示（　　　）。

　　A．7 位总线　　　　B．8 位总线　　　　C．一位连线　　　　D．若干位总线

选择题 7 图

8. 以下对 CPLD 的表述错误的是（　　　）。

A．CPLD 是指复杂可编程逻辑器件

B．CPLD 是基于乘积相结构的

C．对 CPLD 编程之后，程序在掉电后丢失

D．CPLD 的集成度比 FPGA 低

四、简答题

1．并行语句与顺序语句的主要区别是什么？

2．进程语句有哪些特点？

3．在元件例化语句中，元件端口与实例连接端口名的关联方式有哪两种？请叙述或举例说明。

五、程序题

1．已知四路数据分配器的真值表，试写出其 VHDL 程序。

输入		输出			
$S1$	$S0$	$Y3$	$Y2$	$Y1$	$Y0$
0	0	0	0	0	D
0	1	0	0	D	0
1	0	0	D	0	0
1	1	D	0	0	0

程序题 1 图

2．试根据下面的 VHDL 描述，画出顶层电路的连接图。

```
LIBRARY ieee;
USE ieee.std_logic_1164.ALL;
ENTITY BCD_Disply IS
PORT ( Clrn,Clk    : IN STD_LOGIC;
       led7s1,led7s0 : OUT STD_LOGIC_VECTOR(6 DOWNTO 0)  );
 END ;
ARCHITECTURE one OF BCD_Disply IS
  COMPONENT cnt10
    PORT(Clrn,Clk    : IN  STD_LOGIC;
              q      : OUT    STD_LOGIC_VECTOR(3 DOWNTO 0);
              Co     : OUT    STD_LOGIC);
  END COMPONENT;
COMPONENT decl7s
    PORT ( a  : IN   STD_LOGIC_VECTOR(3 DOWNTO 0);
      Led : OUT STD_LOGIC_VECTOR(6 DOWNTO 0)   );
```

```
END COMPONENT;
SIGNAL Coi1, Coi0 : STD_LOGIC;
SIGNAL qi1, qi0    : STD_LOGIC_VECTOR(3 DOWNTO 0);
begin
   cnt0:cnt10 port map(clrn,clk,qi0,coi0);
   cnt1:cnt10 port map(clrn,coi0,qi1,coi1);
   decl7s0:decl7s port map(qi0,led7s0);
   decl7s1:decl7s port map(qi1,led7s1);
end one;
```

六、改错题

下面是对一个 3 线-8 线译码器的 VHDL 描述，在程序中存在错误，试指出并改正。

```
library ieee;
use ieee.std_logic_1164.all;
entity decode_3to8 is
        port ( a, b, c, g1, g2a, g2b: in std_logic;
                y: out std_logic_vector(7 down to 0)) ;
end decode_3to8;
architecture   rtl of decode_3to8 is
signal indata: std_logic ( 2 downto 0 );
  begin
    indata<= c & b & a;
    process( indata, g1, g2a, g2b)
       begin
       if(g1=1 and g2a=0   and   g2b=0 )
       then
       case indata is
          when "000"=>y<="11111110";
          when "001"=>y<="11111101";
               ......
          when "111"=>y<="01111111";
          when others=> y<=XXXXXXXX;
          end case;
       else
         y<= "11111111" ;

         end process;
       end;
```

附录一　Multisim 常用命令

一、Multisim10.0 常用菜单命令

1. 文件菜单 File

New　提供一个空白窗口以建立一个新文件命令（快捷键 Ctrl+N）

Open　打开一个*.msm、*.ewb 或*.utsch 等格式的文件命令（快捷键 Ctrl+O）

Close　关闭当前的工作电路文件命令

Save　将当前工作电路以*.msm 格式存盘的命令（快捷键 Ctrl+S）

Save as　将当前工作电路换个文件名或者路径存盘命令

New Project　建立新的项目命令（教育版没有这项功能）

Open Project　打开原有的项目命令（教育版没有这项功能）

Save Project　保存当前的项目命令（教育版没有这项功能）

Close Project　关闭当前的项目命令（教育版没有这项功能）

Version Control　版本控制命令（教育版没有这项功能）

Print Circuit　打印当前工作电路图命令

Print Reports　列表打印当前工作电路图的元器件或元器件的详细资料命令

Print Instruments　打印当前工作电路图所使用的仪表命令

Print Setup　打印机设置命令

Recent Files　查看最近打开过的电路图命令

Recent Project　查看最近打开过的项目命令

Exit　退出 Multisim 2001 程序命令

2. 编辑菜单 Edit

Undo　撤销命令（快捷键 Ctrl+Z）

Cut　剪切命令（快捷键 Ctrl+X）

Copy　复制命令（快捷键 Ctrl+C）

Past　粘贴命令（快捷键 Ctrl+V）

Delete　删除命令（快捷键 Del）

Select All　全部选中命令（快捷键 Ctrl+A）

Flip Horizontal　水平翻转命令（快捷键 Alt+X）

Flip Vertical　上下翻转命令（快捷键 Alt +Y）

90 Clockwise　顺时针旋转 90°命令（快捷键 Ctrl+R）

90 CounterCW　逆时针旋转 90°命令（快捷键 Shift+Ctrl+R）

Component Properties　修改元器件的参数、标签命令（快捷键 Ctrl+M）

3. 视图菜单 View

Toolbars 显示工具栏命令

Component Bars 显示元器件栏命令

Project Workspace 显示项目管理器命令（教育版中无此功能）

Status Bar 显示状态栏命令

Show Simulation Error Log/Audit Trail 显示仿真错误信息/仿真跟踪命令

Show Xspice Command Line Interface 显示 Xspice 命令行界面命令

Show Grapher 显示图表命令（快捷键 Ctrl+G）

Show Simulate Switch 显示仿真开关命令

Show Text Description Box 显示文本描述框命令（快捷键 Ctrl+D）

Show Grid 显示网格命令

Show Page Bounds 显示纸张边界命令

Show Tide Block and Border 显示标题栏和边界命令

Zoom In 放大观看电路图命令（快捷键 F8）

Zoon Out 缩小观看电路图命令（快捷键 F9）

4. 放置菜单 Place

Place Component 放置元器件命令（快捷键 Ctrl+W）

Place Junction 放置节点命令（快捷键 Ctrl+J）

Place Bus 放置总线命令（快捷键 Ctrl+U）

Place Input/Output 放置输入输出端口命令（快捷键 Ctrl+I）

Place Hierarchical Block 放置层次模块命令（快捷键 Ctrl+H）

Place Text 放置文字命令（快捷键 Ctrl+T）

Place Text Description Box 放置文本描述框命令（快捷键 Ctrl+D）

Replace Component 元器件替换命令

Place as Subcircuit 放置子电路命令（快捷键 Ctrl+B）

Place by Subcircuit 子电路替换命令（快捷键 Ctrl+Shift+B）

5. 仿真菜单 Simulate

Run 开始仿真命令（快捷键 F5）

Pause 暂停仿真命令（快捷键 F6）

Default Instrument Settings 默认仪表设置命令

Digital Simulation Setting 默认仿真设置命令

Instruments 选择仪器仪表命令

Analyses 选择仿真分析方法命令

Postprocess 启动后处理程序命令

VHDL Simulation VHDL 仿真命令（教育版中没有此功能）

Verilog HDL Simulation Verilog HDL 仿真命令（教育版中没有此功能）

Auto Fault Option 自动默认选择命令

Global Component Tolerances 全部元器件容差设置命令

6. 文件输出菜单 Transfer

Transfer to Ultiboard　将当前电路图传送给 Ultiboard 命令

Transfer to other PCB Layout　将当前电路图传送给其他的 PCB 版图软件命令

Backannotate from Ultiboard　从 Ultiboard 返回的注释命令

VHDL Synthesis　生成 VHDL 文件命令（教育版中没有此功能）

Export Simulation Results to MathCAD　将仿真结果输出到 MathCAD 命令

Export Simulation Results to Excel　将仿真结果输出到 Excel 命令

Export Netlist　输出网表命令

7. 工具菜单 Tools

Create Component　创建元器件命令

Edit Component　编辑元器件命令

Copy Component　复制元器件命令

Delete Component　删除元器件命令

Database Management　元器件数据库管理命令

Update Components　更新元器件命令

Remote Control/Design Sharing　远程控制/设计共享命令

EDAparts.com　连接到 EDAparts.com 网站命令

8. 选项菜单 Options

Preferences　设置环境参数命令

Modify Title Block　修改标题栏命令

Simplified Version　简化版本命令

Golbal Restrictions　全局限制命令

Circuit Restrictions　电路限制命令

9. 窗口菜单 Window

Cascade　层叠窗口的方式显示电路图

Tile　上下窗口的方式显示电路图

Arrange Icons　重新排列图表命令

1 Circuit1　表示软件中当前有哪些电路图

10. 帮助菜单 Help

Multisim Help　帮助文件（快捷键 F1）

Multisim Reference　参考手册

Release Notes　版本说明

About Multisim　有关 Multisim 的说明

二、Multisim10.0 常用元件库分类

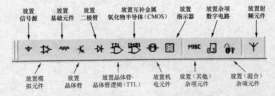

三、Multisim10.0 常用虚拟仪器

Multimeter	万用表
Function Generator	波形发生器
Wattermeter	瓦特表
Oscilloscape	示波器
Bode Plotter	波特图图示仪
Word Generator	字元发生器
Logic Analyzer	逻辑分析仪
Logic Converter	逻辑转换仪
Distortion Analyzer	失真度分析仪
Spectrum Analyzer	频谱仪
Network Analyzer	网络分析仪

附录二　常用逻辑符号对照表

名　称	国标符号	曾用符号	国外流行符号	名　称	国标符号	曾用符号	国外流行符号
与门	&			传输门	TG	TG	
或门	≥1	+		双向模拟开关	SW	SW	
非门	1			半加器	Σ CO	HA	HA
与非门	&			全加器	Σ CI CO	FA	FA
或非门	≥1	+		基本RS触发器	S Q R Q̄	S Q R Q̄	S Q R Q̄
与或非门	& ≥1	+		同步RS触发器	1S Q C1 1R Q̄	S Q CP R Q̄	1S Q CK 1R Q̄
异或门	=1	⊕		（上升沿）D触发器	S̄ Q 1D C1 R̄ Q̄	D Q CP Q̄	D S̄D Q CK R̄D Q̄
同或门	=	⊙		（下降沿）JK触发器	S̄ Q 1J 1K R̄ Q̄	J Q CP K Q̄	J S̄D Q CK K R̄D Q̄
集电极开路的与非门	& ◇			脉冲触发（主从）JK触发器	S̄ Q 1J 1K R̄ Q̄	J Q CP K Q̄	J S̄D Q CK K R̄D Q̄
三态输出的非门	1 ▽ EN			带施密特触发特性的与门	& ⊓	⊓	⊓

附录三　常用数字集成电路管脚图

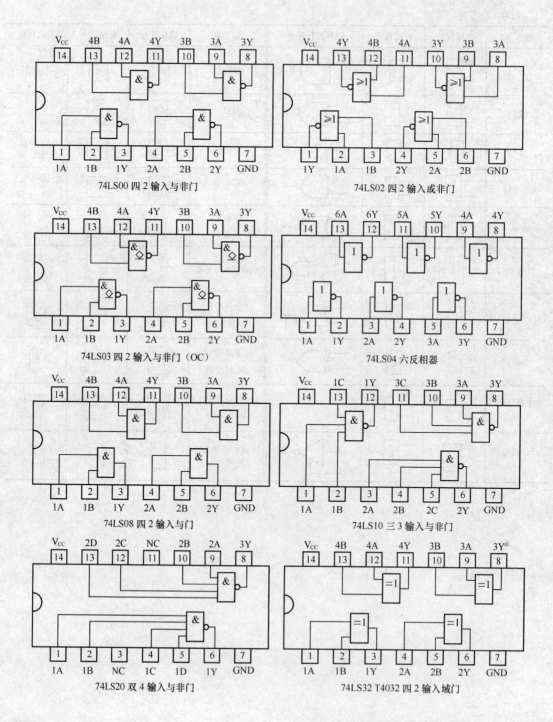

74LS00 四 2 输入与非门

74LS02 四 2 输入或非门

74LS03 四 2 输入与非门（OC）

74LS04 六反相器

74LS08 四 2 输入与门

74LS10 三 3 输入与非门

74LS20 双 4 输入与非门

74LS32 T4032 四 2 输入域门

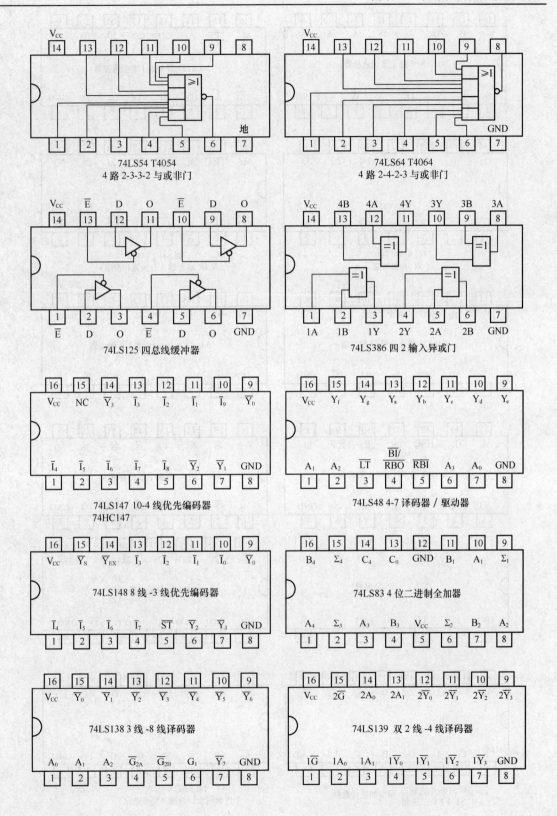

74LS54 T4054
4 路 2-3-3-2 与或非门

74LS64 T4064
4 路 2-4-2-3 与或非门

74LS125 四总线缓冲器

74LS386 四 2 输入异或门

74LS147 10-4 线优先编码器
74HC147

74LS48 4-7 译码器 / 驱动器

74LS148 8 线 -3 线优先编码器

74LS83 4 位二进制全加器

74LS138 3 线 -8 线译码器

74LS139 双 2 线 -4 线译码器

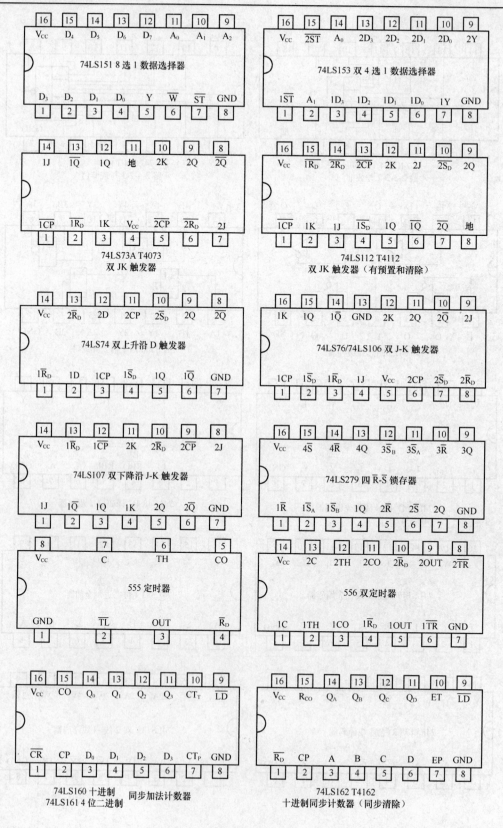

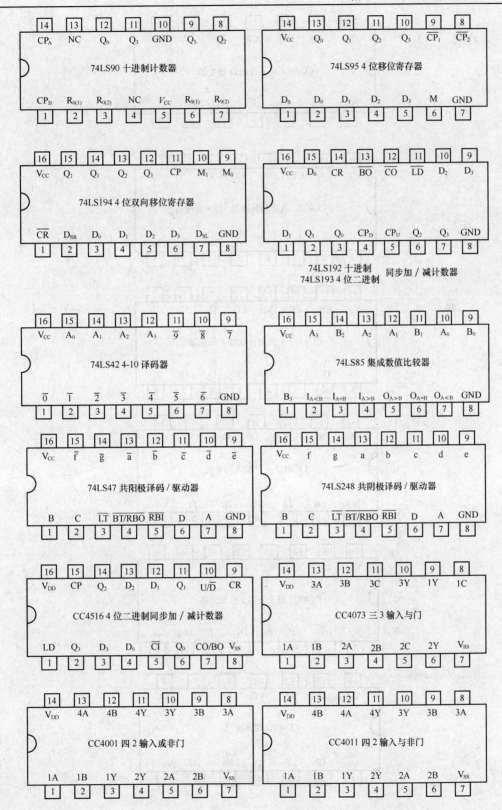

14	13	12	11	10	9	8
CP_A	NC	Q_0	Q_3	GND	Q_1	Q_2

74LS90 十进制计数器

CP_B	$R_{0(1)}$	$R_{0(2)}$	NC	V_{CC}	$R_{9(1)}$	$R_{9(2)}$
1	2	3	4	5	6	7

14	13	12	11	10	9	8
V_{CC}	Q_0	Q_1	Q_2	Q_3	$\overline{CP_1}$	$\overline{CP_2}$

74LS95 4 位移位寄存器

D_S	D_0	D_1	D_2	D_3	M	GND
1	2	3	4	5	6	7

16	15	14	13	12	11	10	9
V_{CC}	Q_1	Q_1	Q_2	Q_3	CP	M_1	M_0

74LS194 4 位双向移位寄存器

$\overline{CR}$	D_{SR}	D_0	D_1	D_2	D_3	D_{SL}	GND
1	2	3	4	5	6	7	8

16	15	14	13	12	11	10	9
V_{CC}	D_0	CR	$\overline{BO}$	$\overline{CO}$	$\overline{LD}$	D_2	D_3

D_1	Q_1	Q_0	CP_D	CP_U	Q_2	Q_3	GND
1	2	3	4	5	6	7	8

74LS192 十进制
74LS193 4 位二进制　同步加 / 减计数器

16	15	14	13	12	11	10	9
V_{CC}	A_0	A_1	A_2	A_3	$\overline{9}$	$\overline{8}$	$\overline{7}$

74LS42 4-10 译码器

$\overline{0}$	$\overline{1}$	$\overline{2}$	$\overline{3}$	$\overline{4}$	$\overline{5}$	$\overline{6}$	GND
1	2	3	4	5	6	7	8

16	15	14	13	12	11	10	9
V_{CC}	A_3	B_2	A_2	A_1	B_1	A_0	B_0

74LS85 集成数值比较器

B_3	$I_{A<B}$	$I_{A=B}$	$I_{A>B}$	$O_{A>B}$	$O_{A=B}$	$O_{A<B}$	GND
1	2	3	4	5	6	7	8

16	15	14	13	12	11	10	9
V_{CC}	$\overline{f}$	$\overline{g}$	$\overline{a}$	$\overline{b}$	$\overline{c}$	$\overline{d}$	$\overline{e}$

74LS47 共阳极译码 / 驱动器

B	C	$\overline{LT}$	$\overline{BT/RBO}$	$\overline{RBI}$	D	A	GND
1	2	3	4	5	6	7	8

16	15	14	13	12	11	10	9
V_{CC}	f	g	a	b	c	d	e

74LS248 共阴极译码 / 驱动器

B	C	$\overline{LT}$	$\overline{BT/RBO}$	$\overline{RBI}$	D	A	GND
1	2	3	4	5	6	7	8

16	15	14	13	12	11	10	9
V_{DD}	CP	Q_2	D_2	D_1	Q_1	$U/\overline{D}$	CR

CC4516 4 位二进制同步加 / 减计数器

LD	Q_3	D_3	D_0	$\overline{CI}$	Q_0	CO/BO	V_{SS}
1	2	3	4	5	6	7	8

14	13	12	11	10	9	8
V_{DD}	3A	3B	3C	3Y	1Y	1C

CC4073 三 3 输入与门

1A	1B	2A	2B	2C	2Y	V_{SS}
1	2	3	4	5	6	7

14	13	12	11	10	9	8
V_{DD}	4A	4B	4Y	3Y	3B	3A

CC4001 四 2 输入或非门

1A	1B	1Y	2Y	2A	2B	V_{SS}
1	2	3	4	5	6	7

14	13	12	11	10	9	8
V_{DD}	4B	4A	4Y	3Y	3B	3A

CC4011 四 2 输入与非门

1A	1B	1Y	2Y	2A	2B	V_{SS}
1	2	3	4	5	6	7

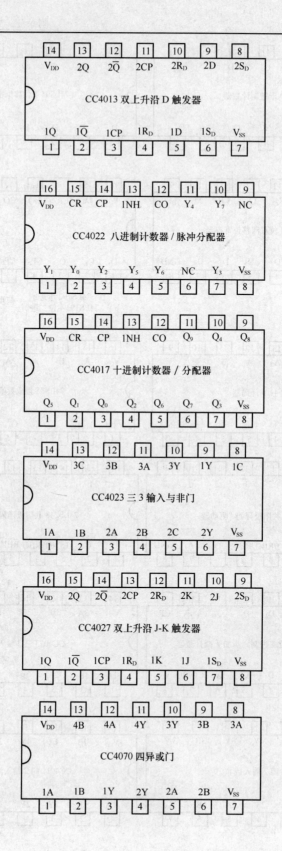

14	13	12	11	10	9	8
V_{DD}	2Q	$2\overline{Q}$	2CP	$2R_D$	2D	$2S_D$

CC4013 双上升沿 D 触发器

1Q	$1\overline{Q}$	1CP	$1R_D$	1D	$1S_D$	V_{SS}
1	2	3	4	5	6	7

16	15	14	13	12	11	10	9
V_{DD}	CR	CP	1NH	CO	Y_4	Y_7	NC

CC4022 八进制计数器 / 脉冲分配器

Y_1	Y_0	Y_2	Y_5	Y_6	NC	Y_3	V_{SS}
1	2	3	4	5	6	7	8

16	15	14	13	12	11	10	9
V_{DD}	CR	CP	1NH	CO	Q_9	Q_4	Q_8

CC4017 十进制计数器 / 分配器

Q_5	Q_1	Q_0	Q_2	Q_6	Q_7	Q_3	V_{SS}
1	2	3	4	5	6	7	8

14	13	12	11	10	9	8
V_{DD}	3C	3B	3A	3Y	1Y	1C

CC4023 三 3 输入与非门

1A	1B	2A	2B	2C	2Y	V_{SS}
1	2	3	4	5	6	7

16	15	14	13	12	11	10	9
V_{DD}	2Q	$2\overline{Q}$	2CP	$2R_D$	2K	2J	$2S_D$

CC4027 双上升沿 J-K 触发器

1Q	$1\overline{Q}$	1CP	$1R_D$	1K	1J	$1S_D$	V_{SS}
1	2	3	4	5	6	7	8

14	13	12	11	10	9	8
V_{DD}	4B	4A	4Y	3Y	3B	3A

CC4070 四异或门

1A	1B	1Y	2Y	2A	2B	V_{SS}
1	2	3	4	5	6	7

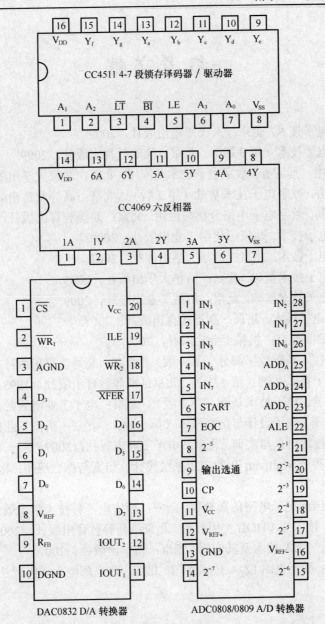

CC4511 4-7 段锁存译码器 / 驱动器

16	15	14	13	12	11	10	9
V_{DD}	Y_f	Y_g	Y_a	Y_b	Y_c	Y_d	Y_e
A_1	A_2	$\overline{LT}$	$\overline{BI}$	LE	A_3	A_0	V_{SS}
1	2	3	4	5	6	7	8

CC4069 六反相器

14	13	12	11	10	9	8
V_{DD}	6A	6Y	5A	5Y	4A	4Y
1A	1Y	2A	2Y	3A	3Y	V_{SS}
1	2	3	4	5	6	7

DAC0832 D/A 转换器

1	$\overline{CS}$	V_{CC}	20
2	$\overline{WR_1}$	ILE	19
3	AGND	$\overline{WR_2}$	18
4	D_3	$\overline{XFER}$	17
5	D_2	D_4	16
6	D_1	D_5	15
7	D_0	D_6	14
8	V_{REF}	D_7	13
9	R_{FB}	$IOUT_2$	12
10	DGND	$IOUT_1$	11

ADC0808/0809 A/D 转换器

1	IN_3	IN_2	28
2	IN_4	IN_1	27
3	IN_5	IN_0	26
4	IN_6	ADD_A	25
5	IN_7	ADD_B	24
6	START	ADD_C	23
7	EOC	ALE	22
8	2^{-5}	2^{-1}	21
9	输出选通	2^{-2}	20
10	CP	2^{-3}	19
11	V_{CC}	2^{-4}	18
12	V_{REF+}	2^{-5}	17
13	GND	V_{REF-}	16
14	2^{-7}	2^{-6}	15

参 考 文 献

[1] 曾令琴. 数字电子技术. 北京：人民邮电出版社，2009.

[2] 杨志忠. 数字电子技术（第 3 版）. 北京：高等教育出版社，2009.

[3] 何首贤，段有艳，邢迎春. 数字电子技术及应用. 北京：北京大学出版社，2008.

[4] 周良权，方向乔. 数字电子技术基础（第 2 版）. 北京：高等教育出版社，2008.

[5] 邓木生，张文初. 数字电子电路分析与应用. 北京：高等教育出版社，2008.

[6] 张慧敏. 数字电子技术. 北京：化学工业出版社，2009.

[7] 焦素敏. 数字电子技术. 北京：清华大学出版社，2007.

[8] 范文兵. 数字电子技术基础. 北京：清华大学出版社，2009.

[9] 张志良. 数字电子技术基础. 北京：机械工业出版社，2009.

[10] 张志忠. 数字电子技术. 北京：高等教育出版社，2008.

[11] 刘勇. 数字电路. 北京：机械工业出版社，2008.

[12] 康华光. 电子技术基础数字部分（第 4 版）. 北京：高等教育出版社，2000.

[13] 阎石. 数字电子技术基础（第 4 版）. 北京：高等教育出版社，1998.

[14] 周筱龙，潘海燕. 电子技术基础（第 2 版）. 北京：电子工业出版社，2006.

[15] 李忠，袁宏，等. 电子设计与仿真技术（第 1 版）. 北京：机械工业出版社，2004.

[16] 赵玉菊. 电子技术仿真与实训. 北京：电子工业出版社，2009.

[17] 郭锁利，等. 基于 Muitisim 9 的电子系统设计、仿真与综合应用. 北京：人民邮电出版社，2008.

[18] 朱彩莲. Muitisim 电子电路仿真教程. 西安：西安电子科技大学出版社，2007.

[19] 廖超平. EDA 技术与 VHDL 实用教程. 北京：高等教育出版社，2007.

[20] 潘松，赵敏笑. EDA 技术及其应用. 北京：科学出版社，2007.

[21] 延明，张亦华. 数字电路 EDA 技术入门. 北京：北京邮电大学出版社，2006.